iPhone芸人 かじがや卓哉の

スゴい
iPhone

かじがや卓哉 著

超絶便利なテクニック131

JN247540

12 / mini / Pro / Pro Max
/ SE 第2世代 / 11 / 11 Pro / XS / XR / X 対応

インプレス

はじめに

　本書を手に取ってくださってありがとうございます。この本は、最新のiPhone 12シリーズだけではなく「iOS 14にアップデートしたiPhone 6s以降の機種」のユーザーであれば、誰にでも役立つ内容で構成されています。今回メインで取り上げるのはiPhone 12シリーズですが、これら最新機種の重要なキーワードは「5G」と「LiDAR（ライダー）スキャナ」です。

　iPhone 12シリーズが発売される前から日本での5Gサービスは始まっていましたが、サービス内容は限定的でした。そんな中、日本人のかなりの割合が利用しているiPhoneが5G対応したということの意味は非常に大きいです。5Gユーザーが激増するわけですから、このことがきっかけとなり、さまざまなサービスで5G対応の本格導入が進むと考えています。この状況は、iPhone 3Gが日本に初上陸したときと非常に似ています。iPhone参入から1〜2年は動きが鈍かった日本のスマートフォン市場でしたが、その後、コンテンツの様相は一気に変わり、スマートフォンは日本の（もちろん世界の）IT文化を大きく変えるまでの存在になりました。5G化は、それと同様のインパク

スゴいiPhone
iOS 11対応

トを与える可能性を秘めています。

　そして、iPhone 12 Proシリーズには「LiDARスキャナ」が搭載されました。これはiPhoneから光を照射し、反射して戻ってくる時間を計測して距離を測る仕組みで、iPad Proでも採用されていた技術です。空間を認識することで、AR技術に生かしたり、暗い中でもポートレート写真が撮れたりするだけでなく、対応アプリを使えば3Dスキャナーとしても機能します。このセンサーがみんなの手のひらで扱えるようになったことで、そこから新しいムーブメントが起こりそうな予感がします。

　iPhone 12シリーズの登場で、またiPhoneが世界を変えていくに違いありません。新しい時代に向け、この本が、お手元のiPhoneを自由自在に使いこなせるようになるための一助になれば幸いです。

もっとスゴいiPhone
iOS 12 対応

超スゴいiPhone
iOS 13 対応

スゴいiPhone 12
iOS 14 対応

3

もくじ

5G対応の新世代スマートフォン！
新しいデザインの iPhone 12シリーズが登場！

Chapter 1
iPhone 12 & iOS 14対応！ 最新テクニック大集合！

Chapter 2

機種変更はこれでバッチリ!
iPhoneデータ移行テクニック最新版

Chapter 3

iPhone初心者にオススメ!
知っておきたい基本のテクニック

Chapter 4

どれだけ知ってる？
iPhone芸人イチオシテクニック

Chapter 5

大切なデータもこれで安心!
iPhone防御・防衛テクニック

Chapter 6
すばやい操作でワンランクアップ!
iPhoneスピードテクニック

Chapter 7

ラクラク操作で達人を目指せ! iPhoneで"ずぼら"テクニック

iPhone芸人楽屋ばなし

5G対応の新世代スマートフォン!
新しいデザインの
iPhone 12 シリーズが登場!

世界最小の mini が加わって全4モデルに

　新登場のiPhone 12シリーズは、全部で4モデル! デザインを一新し、小さなiPhone 12 miniが仲間に加わりました。全モデルが高速な通信規格「5G」に対応したほか、最新のチップ「A14 Bionic」を採用。12とminiは超広角と広角の2つのカメラ、Proと大型のPro Maxは望遠を加えた3つのカメラを搭載し、性能もアップしています! さらにProシリーズは、「LiDAR（ライダー）スキャナ」という3Dスキャンなどに使われるセンサーを内蔵しました。12シリーズで、iPhoneがまたスマホの新時代を作っていきそうです!

どれが好みかな?

iPhone 12 mini

iPhone 12 Pro

iPhone 12

iPhone 12 Pro Max

iPhone 12シリーズはどこが進化したの？

iPhone 12シリーズはデザインを一新！目立つのは外観やカメラ性能ですが、中身もしっかりと進化して使い勝手もよくなっています！

カメラの性能アップ

暗いところでも明るく撮影できるナイトモードで、超広角やタイムラプスでの撮影が可能になりました。

さらに高速なチップ

全モデルに最新のA14 Bionicチップが採用されました。

全モデルが5Gに対応

新世代の通信規格5Gに対応し、動画コンテンツのダウンロードなどが超高速に。

LiDARスキャナを搭載

ProとPro Maxは距離が測定できるLiDARスキャナを搭載し、ナイトモードポートレートを実現。

広くなったディスプレイ

ベゼル（フチ）が細くなり、本体サイズに対して画面が広くなりました。

MagSafeが便利！

背面に充電アダプターやアクセサリーがくっつく MagSafe（マグセーフ）を採用。とても便利です。

インカメラでもナイトモード

ナイトモードがセルフィーにも対応。夜も自撮りしまくりましょう。

デザインを一新

以前の丸みを帯びたエッジから、角張ったデザインに。ProとPro Maxはステンレス、12とminiはアルミのフレームです。

防水性能を強化

防水性能が向上し、水深6メートルで最大30分間の耐水性能を備えます。雨の日も安心！

割れにくくなったガラス

「Ceramic Shield（セラミック・シールド）」の採用で、耐落下性能が4倍に強化されました。

見た目も中身もしっかりアップデート！

13

iPhone12シリーズ注目の4つのポイント！

大きく進化したiPhone 12シリーズの
特に気になる4つのポイントをより詳しく紹介します。

5Gで接続中！

超高速な通信規格5Gに対応！

大手の4キャリアで5Gのサービスが始まりました。速度は理論値で最大100Gbpsと、4Gの実に100倍！ これによってさまざまなモバイルサービスが刷新されると言われています。iPhone 12シリーズは全モデルが5G対応しました。実際に目に見えて速いです！（P.44参照）

持ちやすくなった！

デザイン変更で角張ったデザインが復活！

iPhone 12シリーズはエッジが角張った形状になりました。これは、第1世代のiPhone SE以来のデザインですね。6s以降の丸みのあるデザインと好みは分かれると思いますが、個人的には持ちやすくなったと思います。なお、iPhone 11シリーズより少し薄くなりました。

小さくていい感じ！

iPhone"mini"が仲間入り！

新機種の大きな注目点として、iPhone 12 miniの登場があります。5G対応の最新鋭スマホの中でも世界最小で、手が小さい人にも持ちやすい！ でも使い勝手や性能は、ほかとあまり変わりません。画面サイズは5.4インチです（12/12 Proが6.1インチ、Pro Maxが6.7インチ）。

MagSafe対応
iPhoneレザーウォレット

ピタッとくっつく！

使ってわかるMagSafeの便利さ！

MagSafeという機能が搭載されました（P.39参照）。磁石でiPhoneの背面にピタッとくっつく仕掛けですが、これがとても便利！ 対応する充電器やカードケースが販売中です。Magsafe対応のiPhoneケースなら、ケースに入れたままMagSafe充電器でワイヤレス充電できます。

Chapter 1

iPhone 12 & iOS 14対応!
最新テクニック大集合!

今度のiOS 14はスゴい!
アレンジ可能な
ウィジェットに背面タップや
3Dスキャン機能まで!
見たことないiPhoneに
出会えます!

001 便利でオシャレな新機能 「ウィジェット」がホーム画面に!

iPhoneのホーム画面は10年以上同じ仕組みでしたが、iOS 14でガラッと変わりました。「ウィジェット」は、対応アプリが備える機能のひとつですが、iOS 14ではホーム画面に配置することが可能になりました。これで、アプリを開くことなくアプリ内の情報が確認できます。スケジュールや天気、ニュースなどの情報を配置できるほか、お気に入りの写真を置いてホーム画面をオシャレに飾ることも可能です。

ウィジェットのサイズは、大／中／

① ウィジェットを配置するには、まずホーム画面のアイコンがない部分を長押しします。アイコンが震え始めてホーム画面を編集する状態になったら、左上の「＋」をタップします

② ウィジェットの選択画面が下からせり上がってきます。画面をスワイプすると、利用可能なウィジェットが確認できます。配置したいウィジェットをタップします

Memo
長押しで設定変更

小の3種類で、アプリと同じように配置できます。

　これまでは同じサイズのアイコンだけが並んでいたiPhoneのホーム画面が、個性的でより便利なものになりますよ!

ウィジェットを長押しするとメニューが開き、アプリと同様にホーム画面の編集やウィジェットの削除が行えます。「ウィジェットを編集」メニューで設定変更できるものもあります。

新しいホーム画面の誕生だ!

③　左右にスワイプして、ウィジェットのサイズを選択します。サイズや機能は、アプリによって異なります。配置するサイズを選んだら「ウィジェットを追加」をタップします

④　ウィジェットが配置されました。位置の変更や、複数の配置も可能です。情報表示のほか、タップするとWebサイトが開いたり、アプリが起動するものもあります

002 個性的なホーム画面を作る オススメのウィジェットを紹介

ウィジェットはアプリを開かずに情報を確認することができます。例えば「NAVITIME」は、最寄り駅の次の電車を常に表示してくれるので、急いでいるときもホーム画面を見るだけでOKです。

また、ホーム画面のカスタマイズも簡単です。人気のアプリ「Widgetsmith」を使うと、さまざまなデザインのカレンダーや時計を表示できます。ウィジェットを駆使して、便利で個性的なホーム画面を作ってみましょう。

NAVITIME

Widgetsmith

雰囲気もガラッと変わるよ！

定番のルート案内アプリ。最寄りの駅やバス停を登録すれば、現時刻に合わせた時刻表が確認できます。運行情報もわかるので、「駅に着いたら電車が止まってた」という事態も避けられます

好みの色やフォントを選んで、多彩なカスタマイズが楽しめるウィジェット用アプリ。カレンダーやバッテリー残量、時計、天気、写真など、さまざまな情報のウィジェットを作成できます

NAVITIME

  Widgetsmith

 Yahoo!天気

Memo

一度アプリを起動しよう

ウィジェットにはアプリの設定が終わっていないと利用できないものがあります。一度アプリを起動して、設定を済ませてから使用しましょう。

Yahoo!天気

人気の天気予報アプリです。特に、雨雲レーダーでチェックできるのが便利。中サイズだと左に予報、右に雨雲の様子が表示され、タップすると、それぞれの詳細が確認できます

Siriからの提案

普段の操作をSiriが解析して、よく使う8個のアプリやショートカットを提案してくれます。配置するとアプリのアイコンに見えますが、状況に合わせて変化します。けっこう便利!

ウィジェットを使った ちょっと便利なテクニック

ウィジェットを使ったちょっと便利なテクニックを紹介しましょう。

ウィジェットはアプリと同じようにホーム画面に配置できますが、見るだけで情報を確認できます。そこで、小サイズか中サイズのウィジェットを画面の上のほうに置いて、よく使うアプリを下のほうに配置しておけば、アプリに指が届きやすくなります。

また、同じサイズのウィジェットを複数重ねて「スマートスタック」にすることも可能です。スマートスタック

ウィジェットをホーム画面の上のほうに配置して、下のほうによく使うアプリを置けば、指が届きやすくなります。最近のiPhoneは画面が縦に長いので、手の小さな人にオススメ

同じサイズのウィジェットをドラッグして重ねると、スマートスタックになります。ウィジェットの追加画面からプリセットされたスマートスタックを配置することも可能です

にしたウィジェットはスワイプして入れ替え可能なので、1つのウィジェットのスペースで複数の機能を利用できます。その際に「スマートローテーション」を使えば、これまでの利用状況を分析して、時間や場所に合わせたウィジェットを表示してくれます。

スマートスタックは新規ウィジェットとして作成することも可能で、配置後にドラッグ＆ドロップでスタックを追加したり、中身の入れ替えや削除をしたりすることもできます。

スマートスタックはスワイプすることでウィジェットを切り替えることができます。ウィジェットを10個まで登録できるので、ホーム画面の場所の節約になります

便利なウィジェットをより便利に!

長押しして「スタックを編集」を選ぶと、編集画面になり、三本線をドラッグすれば順番の入れ替え、左にスワイプすれば削除が可能です。「スマートローテーション」はここでオンにします

004 Max専用だった「拡大表示」が全機種で使えます

　これまで大型のMaxシリーズやXR専用だった「拡大表示」の機能が、iOS 14に対応していれば全機種で使えるようになりました。

　拡大表示にすると、ホーム画面のアイコンやアプリの名前なども大きくなり、メニューなどの表示も見やすくなります。日頃から「iPhoneのアイコンや文字が小さくて見づらい」と思っている皆さん、今すぐに大きく見やすくしましょう！ もちろんiPhone 12 miniでも使えます！

「設定」アプリの「画面表示と明るさ」→「拡大表示」の「表示」をタップ。選択画面で「拡大」を選んで右上の「設定」をタップし、メニューの「"拡大"を使用」をタップすると切り替わります

標準

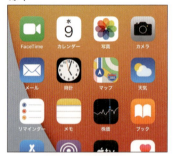

拡大

ホーム画面を比べると、アイコンのすき間が狭くなり、ギュッと詰まった印象になります。メールやメニューの文字も大きくなります「テキストサイズの変更」との併用も可能です（**P.122** 参照）

ページが増えても怖くない！
ホーム画面を瞬時に移動

ホーム画面を移動するには、通常、画面を左右にスワイプして1ページずつ移動しますが、ボクのようにやたらとホーム画面が増えてしまうと、移動するのに時間がかかってしまいます。そんなときは、新しいページを作ると

増えていくドックのすぐ上に並ぶドットを左右にドラッグすると、瞬時にページ移動できるんです。ホーム画面の最後のページのあとにあるAppライブラリを開くときも（P.24参照）、この方法だとスムーズですよ！

これでページの増殖も怖くない！

① 複数のホーム画面を作ると、ページ数の数だけドックの上にドットが並んでいきます。ここに指を置くと、ドットの周囲が白く変化するので、そのまま左右にドラッグしましょう

② 長押しする必要はないので、瞬時にページを移動できます。なお、進みたい方向のドットをタップしてもページが切り替わるので、アプリを探すときなどはタップが便利です

ホーム画面の整理整頓には「Appライブラリ」が超便利!

iPhoneが発売されてから10年以上経ちます。気になるアプリを次々にインストールしていたりすると、人によっては相当な数のアプリのアイコンがホーム画面に並んでいることでしょう。ちなみに確認してみたところ、現時点でボクのiPhoneには552個のアプリが入っていました(笑)。大量のアプリを整理していくのは、時間も労力もかかります。

そんなときに便利なのが「Appライブラリ」です。アプリを自動的にジャ

Appライブラリの画面。カテゴリーごとにアプリがまとめられており、タップすると起動します。4個以上のアプリがある場合は右下のサムネールをタップすると、ウィンドウが開きます

ホーム画面上のアプリを長押しして「Appを削除」→「ホーム画面から取り除く」を選ぶと、ホーム画面からは削除され、Appライブラリには残ります。普段使わないアプリを片付けましょう

ンルごとにまとめてくれる機能で、
ホーム画面の最後のページのさらに右
に配置されています。整理されるだけ
でなく、ホーム画面のアプリを削除せ
ずに片付けておけるので、ページ削減
にも有効です。

Memo
ホーム画面に追加したいとき

ホーム画面から取り除いたアプリ、
またはもともと表示していないアプ
リを戻したいときは、Appライブラ
リ上のアイコンを長押しして「ホー
ム画面に追加」をタップしましょう。

Appライブラリでは検索してアプリを探すこと
もできます。検索ウィンドウをタップするか、画
面を下向きにスワイプすると一覧表になるので、
キーワードを入力すればOKです

ボクを助けてくれる!整理能力のない

「設定」アプリの「ホーム画面」で「Appライブラ
リのみ」を選択すると、新規インストールされた
アプリがホーム画面に追加されず、Appライブ
ラリのみに登録されます

不要なホーム画面は ページごと隠しちゃおう

アプリをやたらとインストールして、ホーム画面が何ページにもわたって広がっている人、いますよね。そんなアプリ自慢の人でも、覚えているのはせいぜい3ページ分くらいまでで、あとは何がどこにあるのか把握してないのではないでしょうか？ 何を隠そう、ボクがそうです（笑）。

そのような把握できてないアプリが並んでいるホーム画面は何かと邪魔になることが多いので、ページごと非表示にしてしまいましょう。ページを

① アプリを長押ししてメニューから「ホーム画面を編集」を選ぶか、ホーム画面の何もない部分を長押しします。アイコンが震え始めたら、ドックの上に並ぶドットをタップします

② 「ページを編集」の画面に切り替わります。ホーム画面のサムネールが並びます。9ページ以上ある場合は、上下にスワイプすると移動できます

初回の設定後は
新規インストールに注意

非表示にしても隠れたアプリは検索可能で、Appライブラリにも出てくるので問題ありません。

　ホーム画面を出番の多いアプリが配置された3ページ程度にしておくと、快適になりますよ。

最初にページ数を減らした際、アプリの新規インストールの設定が「Appライブラリのみ」に変更されます。ホーム画面に追加したい場合は、設定を戻しておきましょう（P.25参照）。

必要なページだけで快適に過ごすのだ!

③ 非表示にしたいページの下にあるチェックマークをタップしてチェックを外し、右上の「完了」をタップします。なお、各ページをタップすると、ページに移動します

④ 表示されるホーム画面のページ数が減ったため、ドットの数が少なくなったのがわかります。普段使うアプリを3ページくらいにまとめておくと、ページの移動も楽になります

008

「計測」アプリを使って 身長を測ってみる

iPhone 12 ProとPro Maxには、「LiDARスキャナ」というiPhoneと対象物の距離をレーザー光で計測するセンサーが搭載されました。これによって空間をより正確に認識できるようになり、カメラのポートレートモードなどの精度が向上しています。

このセンサーを利用した面白い機能が、「計測」アプリに加わりました。身長測定です。アプリを起動してカメラが人物を認識すると、地面から頭髪のてっぺんまでの長さを自動的に計測

髪の毛が逆立っていると身長が伸びます

「計測」アプリを起動するとカメラの画面が開きます。人を認識すると、自動的に身長を測ってくれます。撮影中に計測してもらいました。ボクの身長は173cmなので、正解です！

「計測」アプリは、測りたい場所の始点にポインタを配置して「+」をタップし、終点で再度タップすると、長さを測れます。天井など手が届かない場所でも簡単に計測可能です

コントロールセンターに追加できる「拡大鏡」には、相手との距離を計測する機能が加わりました。「人の検出」をオンにして人を認識すると、自動的に距離を表示します。ソーシャルディスタンスの正確な距離の把握に役立つかもしれません。

Memo
拡大鏡では
ソーシャルディスタンスが測れる

してくれます。何人かで試してみましたが「実際の身長＋髪の毛のボリューム」という感じの数値が出て、LiDARスキャナの正確さを実感しました。実用度は微妙ですが、ぜひ試してみてください！

計測された数値は保存され、数値をコピーすることもできます。また、計測画面の右下にあるシャッターボタンをタップすれば、メモ代わりの写真を撮影できます

画面内に収まる四角いものを自動で認識して、長さや面積を計測することも可能です。写真を撮影しておけば、長さ／幅／対角線の長さ／面積と写真を添えた記録を残すことができます

009 暗い場所での探し物でも活躍！ iPhoneをナイトスコープにする

iPhone 11以降のカメラには、暗い場所でも明るく写真が撮れる「ナイトモード」が備わっています。その性能は驚くほど高くて、かなり暗い場所でもフラッシュなしで撮影できます。iPhone 12ではナイトモードでの自撮りやタイムラプス撮影も可能なほか、Pro／Pro Maxでは、ナイトモードポートレートも使えるようになりました（P.96参照）。

そんなナイトモードですが、その撮影時のプレビューを利用すれば、肉

暗い場所でカメラを向けると、自動的にナイトモードになり、周囲が見えるようになります。これだけだと単なる粗い画像に見えるかもしれませんが、実際はどんなところかというと……

ここらへんにいます

こんなに暗いんです！ 肉眼ではほぼ何も見えません。例えば、部屋の中で誰かが寝ていてライトをつけたりできない場所でも、iPhoneをナイトスコープとして使えば周囲を確認できますよ

ライトを
つけられない場所だと
便利です

眼では見えないような暗い場所を見る
ことができるんです。まさにナイトス
コープ! 方法は簡単で暗い場所にカ
メラを向けるだけ。ライトをつけられ
ない場所で、ものを探したりするのに
便利ですよ。

ナイトモードが起動しない場合は、画面上部の
矢印をタップするとシャッターボタンの上にア
イコンが出るので、タップして時間を設定しまし
ょう。なお、明るい場所では起動しません

そのままナイトモードを使って撮影してみまし
た。ほぼ真っ暗な場所で撮影したとは思えない
ほど明るく撮れています。ナイトモードの威力
がわかりますね

010 iPhoneを<mark>3Dスキャナー</mark>にして立体物をコピーする

対象物との距離をレーザーで計測するLiDAR（ライダー）スキャナは、iPhone 12 Pro／Pro Maxに搭載され、ナイトモードポートレートや「計測」アプリでも利用されています（P.28、30参照）。さらにその仕組みを活用して、iPhoneで3Dスキャンするアプリも登場しています。実際に試してみると、「iPhoneでこんなことができるの!?」と驚きますよ。3Dプリンターを使って、iPhoneで立体物をコピーする時代も近いのかもしれません。

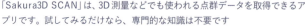

iPhoneがここまで進化している！

「Sakura3D SCAN」は、3D測量などでも使われる点群データを取得できるアプリです。試してみるだけなら、専門的な知識は不要です

Sakura
3D SCAN

試しに、公園の遊具をスキャンして3D点群データを取得してみました。点群データは三次元の位置情報を持つ点の集合で、3Dモデリングソフト用のデータに変換することもできます

011 話す言葉を外国語に翻訳! iPhoneが通訳してくれます!

iOS 14 から標準アプリに加わった「翻訳」を使えば、iPhoneが通訳となって活躍してくれます。しかも対応するのは英語、スペイン語、中国語、韓国語など11言語も! 使用方法は簡単。翻訳したい言語を選び、マイクボタンを押して話すだけ。テキストでも表示されるほか、辞書機能も搭載されています。しかも言語選択画面の「オフラインで利用可能な言語」をダウンロードしておけば、オフラインでも利用可能に。これは便利ですね!

① 画面上部で翻訳したい言語を選んだら、マイクボタンをタップして話しましょう。翻訳結果がテキストで表示され、同時に音声でも流れます。同時通訳として活躍してくれますよ

② 翻訳はけっこうがんばってくれます（笑）。単語をタップすると辞書で意味を調べられるので、外国語の勉強にもなりますね。翻訳後、別の言語で再翻訳することも可能です

012 iPhoneの操作がガラリと変わる！「背面タップ」で機能実行

iPhoneに新しい操作が加わりました。それが「背面タップ」です。iPhone本体の背面をダブルタップ、またはトリプルタップすることで、いろいろな操作や機能を実行することができます。

割り当てられる項目は多彩で、システム関連ではAppスイッチャーの表示、Spotlightの起動、音量を下げる／上げる、スクリーンショットを撮るなど。アクセシビリティ関連ではズームや画面の読み上げといった機能。ま

操作がメチャクチャ楽になった！

「背面タップ」は、iPhoneの背面を2回または3回タップすることで指定した操作や機能を実行できます。真ん中より上のほうを軽くタップするのがコツです

① 「設定」アプリ→「アクセシビリティ」→「タッチ」で「背面タップ」を選びます。初期状態では設定は「なし」になっているので、タップして実行する機能を割り当てます

た、上下のスクロールにも割り当てることが可能で、片手でWebブラウジングするときなどに便利です。さらに、自分で作ったショートカットにも対応しています。

　ちなみにボクは、ダブルタップにコントロールセンターを割り当てています。最近のiPhoneは縦長で画面右上まで指が届きにくいので、それを補っています。皆さんもよく使う機能を割り当ててみましょう。iPhone 8以降の機種なら利用できますよ！

〈 背面タップ　　**ダブルタップ**
なし
アクセシビリティショートカット
システム
Appスイッチャー
Spotlight
コントロールセンター　　　　✓
シェイク
スクリーンショット
ホーム
音量を下げる
音量を上げる
画面をロック
簡易アクセス
消音
通知センター
アクセシビリティ

②　「ダブルタップ」または「トリプルタップ」をタップすると、それぞれ設定できる項目が表示されます。頻度の高い操作を割り当てておくと便利です

〈 背面タップ　　**トリプルタップ**
AssistiveTouch
VoiceOver
ズーム
画面の読み上げ
拡大鏡
反転（クラシック）
反転（スマート）
スクロールジェスチャ
下に スクロール
上に スクロール
ショートカット
Wi-Fi
Wi-Fiオフ
QRコードを作成する
最新の写真をメッセージで送信

③　設定できる項目は「システム」関連のほか、「アクセシビリティ」や「ショートカット」などがあります。自分が作ったショートカットを割り当てることも可能です

013 位置情報で自宅がバレる？撮影場所をごまかす方法

iPhoneは位置情報を取得していて、例えば撮影した写真には撮影場所が詳細に記録されています。あとで見返すときに便利な機能ですが、プライバシー情報が漏れる原因にもなります。写真で自宅の位置がわかってしまう可能性もあるわけです。

iOS 14には、プライバシー保護のため、"おおよその位置のみを提供する"という選択肢が用意されました。「カメラ」アプリで「正確な位置情報」をオフにしておけばOKです。

「次回確認」を選択すると撮影ごとに位置情報をオン／オフできるよ

「設定」アプリ→「プライバシー」→「位置情報サービス」で「カメラ」をタップ。「正確な位置情報」をオフにします。ただし、この場合は「カメラ」アプリにのみ有効なので注意しましょう

正確な位置情報をオフにすると、地図上での表示が大雑把になります。位置情報は東京で言うと、「同じ区内の別の場所」に指定されている状態です。実際の撮影場所はわかりません

014 「この写真、何だっけ?」の前に キャプションを付けよう

「写真」アプリには優れた検索機能が備わっていますが、見た目だけでは何の写真かわからないものもあります。そんなときに役立つのがキャプション機能です。キャプションとは、写真やイラストに添える短い説明文の

ことです。撮影した場所や写っている人などの情報をキャプションとして写真に付けておけば、検索キーワードとしても使えるんです。また写真に関する追加情報を残しておけば、あとで見返すときにも楽しいですよね。

写真を上にドラッグすると現れる「キャプションを追加」欄をタップしてテキストを入力します。これ以降、この写真を上にドラッグするとキャプションが表示されるようになります

キャプションの内容は、検索時のキーワードとしても使えるので見返すときにとても便利です。見た目でわかりにくい写真など、ひと言入れておくだけでもあとで助かりますよ

015 標準のメールやWebブラウザを好きなアプリに変更可能に!

iOS 14では、リンクをクリックしたときなどに起動する標準のメールアプリやブラウザアプリを、ユーザーが好きなものに変えられるようになりました。例えば、普段Gmailを使っている人には、うれしい変更点ですね。「Gmail」アプリに設定しておけば、連絡先と連携するメールアプリも「Gmail」に変更されます。またブラウザを「Chrome」にすれば、ほかのデバイスで使用している「Chrome」と同期させることもできます。

これでGmailが使える!

① 「設定」アプリで標準にしたいアプリ名（図の場合はGmail）をタップし、「デフォルトのメールApp」をタップします。標準では「メール」になっています

② すると、インストールされているメールアプリが表示されるので、標準にしたいアプリをタップして選択します。なお、ブラウザの場合も同様の操作で変更可能です

016 実は高速なワイヤレス充電「MagSafe」でズレずに快適

iPhone 12シリーズには、MagSafe（マグセーフ）という背面にピタッとくっつく機能が搭載されました。それを利用したMagSafe充電器には磁石が仕込んであり、位置をあまり気にせずiPhoneを置くだけで確実に充電できます。

でも、メリットはそれだけではないんです。MagSafe充電器の供給電力が最大15W（miniは12W）と、以前のQi対応充電器の2倍。思った以上に高速な充電が可能です。手軽さと早さのいいとこ取りですね。

シンプルなデザインのMagSafe充電器。iPhoneの背面にくっつくので、置くだけでズレずに確実に充電できます。充電速度も申し分なしです。電源には、アップル製の「20W USB-C電源アダプタ」がオススメ

iPhoneを置くと、画面に充電マークがついて、充電の割合が表示されます。アップル製のワイヤレスイヤホンAir Podsも充電できます。iPhone 11以前のQi規格と互換性はありますが、充電速度は遅くなってしまいます

017 動画を見ながら作業できる 「ピクチャ・イン・ピクチャ」が便利

iPhoneで動画配信サービスを見ていたらメールを受信。そこで一度動画を終了してメールを確認、そのあと再度動画を開く……。ちょっと面倒ですよね。でも新機能の「ピクチャ・イン・ピクチャ」を使えば、こういった手間

はなくなります。つまり、動画を見ながらほかの操作が可能になるんです。

この機能をオンにすると動画のウィンドウが縮小され、画面の端に移動します。また、このウィンドウは位置を上下に移動できるほか、ピンチイン／

横画面からでも操作できます

① この機能のオン／オフは、「設定」アプリの「一般」にある「ピクチャ・イン・ピクチャ」で行います。ただし標準ではオンなので、オフにしたい場合以外は設定不要です

② 再生中に画面をタップすると左上にメニューが現れるので「ピクチャ・イン・ピクチャ」アイコンをタップ。NetflixやAmazonプライム・ビデオでは、再生中の動画を上にフリックです

Memo

画面外にスワイプしても
再生は続きます

アウトでサイズ変更もできます。

　対応するアプリは、「Apple TV+」「Amazonプライム・ビデオ」「Netflix」などで、YouTubeはPremiumの会員のみです。FaceTimeでのビデオ通話もサポートしています。

ピクチャ・イン・ピクチャで再生中にちょっと画面が邪魔になったときは、画面を外にスワイプしましょう。画面が隠れてタブが残ります。ただし、再生は続いていて、音声は流れ続けます。画面を再度表示させるには、このタブをタップすればOKです。

③ 動画のウィンドウが小さくなり、画面の端に表示され、他のアプリに切り替えられます。右上のアイコンをタップするとフル画面での再生に戻ります

④ このウィンドウは、ドラッグで移動可能で、ピンチイン／アウト、またはダブルタップでサイズを変更することもできます。一次停止や早送りなどの一部の操作も可能です

018 ピンで固定したメモが多すぎる？畳んで片付けておきましょう

「メモ」アプリには、重要なメモをリストの上部に固定しておけるピン機能が搭載されています。とても便利な機能なのですが、ピンを付けたメモが多くなると、それ以外のメモにアクセスしにくくなります。

この問題を解決するため、iOS 14には、ピンで固定したメモの見出しを折り畳める機能が追加されました。これで、新規のメモも探しやすくなるはずです。普段からよくメモを使うので、個人的にうれしい新機能です！

① メモを右にスワイプしてピンアイコンをタップすると、メモはピンで固定されます。固定するとリスト上部に常に表示されるので、よく使うメモなどを固定しておくと便利です

② ピンが付いたメモが多くなってきたら、「ピンで固定」の部分をタップしましょう。すると、ピンが付いたメモの部分が折り畳まれます。戻す場合は、もう一度タップしましょう

019 「ボイスメモ」がさらに進化! 録音した音声をきれいにする

iPhoneの「ボイスメモ」アプリ、使ってますか? ボクはメモ代わりにけっこう使っているんです。そのボイスメモに、何と録音データの音質を改善してくれる機能が追加されました。この機能を使うと、録音時の背景のノイズや残響音を低減してくれて、メインの音声が聞き取りやすくなるんです。

実はYouTubeの「かじがや電器店」でも、音声だけ追加で録音したことがありましたが、そのときにこの機能が活躍してくれました!

僕の声だけが聞こえる!(気がする)

① 「ボイスメモ」アプリで録音済みのメモから音質を改善したい録音を選択します。次に左側のメニューをタップして、表示されたメニューから「録音を編集」を選びます

② 表示された画面で魔法の杖のようなアイコンをタップします。処理が始まり、ノイズなどを自動的に抑えてくれます。最後に右下の「完了」をタップしてリストに戻りましょう

新世代通信「5G」体験してみました!

　iPhoneが史上初めて5Gに対応したということで、発売日にiPhone 12 Proを手にしたその足で、5Gも体験しました！ 初体験の印象は……本当に速い‼ 速度テストのツールで計測した数値も高いのですが、体感でわかるほど高速でした。

　本稿執筆時点では、5G対応エリアは限定的でまだこれからといった状況ですが、幸いにもボクの活動エリアはほぼ5Gに対応していました。使用前の5Gエリアのイメージは「ポケモンGOのレアポケモン並みに探すのが大変」という感じでしたが、使ってみると、結構な頻度でつながります。ちなみに、ボクの所属する吉本興業は、東京本社も大阪本社も5Gエリア内でした！ 最先端の職場です！（笑）

　このまま順調に5Gエリアが整備されれば、動画配信を中心に世の中のサービスが充実していくのは間違いないです。皆さんも機会があれば、ぜひ5Gで未来を体験しましょう！

5G回線では、より高解像度な映像もスムーズに再生できるようになります。 5Gのエリアが広がると、それに合わせてさまざまなサービスも変わっていきそうです！

Chapter 2

機種変更はこれでバッチリ！
iPhoneデータ移行テクニック最新版

新機種を手に入れたらデータ移行を済ませて次のステージに進みましょう！新しいiPhoneの世界が待ってます！

iPhoneだけでできる！
超簡単データ移行の方法

　新しいiPhoneを購入して、さあ機種変更！ 最初の大仕事がデータ転送です。面倒な作業かと思いきや、iPhoneからiPhoneへのデータ移行は超簡単です。iOS 12.4以降の端末であれば、旧機種の横に新機種を置い

て指示に従って作業すれば、直接データ転送できるんです。

　ただし、何らかのトラブルが起きる可能性はあるので、念のためにバックアップは取っておきましょう（P.48、52参照）。

① 新しいiPhoneを起動して、言語や地域を選択すると、クイックスタートの画面になります。この時点でとりあえず置いておき、これまで使っていた旧端末を用意します

② 新端末に旧端末を近づけると、「新しいiPhoneを設定」という画面が表示されます。Apple IDを確認して「続ける」をタップします

Memo
LINEやSuicaは先に移行準備しておこう

LINEとSuicaの移行については、事前に準備が必要です（P.58〜59参照）。データ移行前に設定しておきましょう。また、一部の銀行アプリなどは、端末の切り替え後に認証などの手続が必要な場合があるので、確認しておきましょう。

念のためのバックアップを忘れずに！

③ 新端末にモヤモヤしたパターンが表示され、旧端末の画面の半分がカメラに切り替わります。カメラの円の中にパターンが収まるように配置します

④ パスコード入力後にエクスプレス設定へと進み、Apple IDを確認したらデータ転送が始まります。転送が終わると、App Store経由でアプリがインストールされて完了です

021 パソコンいらず！iCloudでバックアップしよう

機種変更時はもちろん、iPhoneの不具合で初期化が必要になったときでも、バックアップがあれば安心です。面倒に思うかもしれませんが、iCloudを使えばiPhone単体でバックアップできるんです。しかも、条件がそろえば、寝ている間に完了です。

iCloudでのバックアップで保存されるのは、アプリが保持している独自のデータや設定、コンテンツの購入履歴などで、アプリやコンテンツの本体、すでにiCloudに保存されている

① Wi-Fiに接続した状態で「設定」アプリ上部の名前をタップ→「iCloud」→「iCloudバックアップ」で「iCloudバックアップ」をオンにして、「今すぐバックアップを作成」をタップします

② iCloudへのバックアップが始まります。なお、自動バックアップは、電源とWi-Fiにつながった状態で、かつ画面がロックされている状態で行われます

標準のメールやカレンダーなどのデータはバックアップに含まれません。これらのデータは、復元の際にiCloudやApp Storeから直接ダウンロードされます。

　注意したいのは、ストレージ容量です。iPhoneの保存データが多い場合、iCloudの標準5GBのストレージでは、容量が不足する可能性があります。ストレージ容量は月額130円で50GB、400円で200GBにアップグレードできるので、検討してもいいでしょう。

③ iCloudの空き容量は、「設定」アプリの上部の名前をタップ→「iCloud」→「ストレージを管理」で確認します。ここでサイズの大きなデータもチェックできます

④ ③の画面で「バックアップ」→「このiPhone」をタップすると、バックアップの内容が確認できます。バックアップが不要なデータは、チェックを外しておきましょう

022 iCloudのバックアップから iPhoneを復元する

iPhoneのデータの移行には、いくつか方法があります。最も手軽な方法はクイックスタートですが（P.46参照）、新しいiPhoneの購入と同時に古いiPhoneを手放してしまった場合、この方法は使えません。そこで、ここでは前のページで作成したiCloudのバックアップを使ってiPhoneを復元する方法を説明します。

バックアップからの復元は、機種変更時のデータ移行だけでなく、何らかのトラブルでリセットが必要になった

① 新しいiPhone、またはリセットしたiPhoneで、「こんにちは」の画面に続き国や言語の初期設定をしたあと、クイックスタートの画面下の「手動で設定」をタップします

② 続いて表示される手順に従って初期設定を行い、「Appとデータ」画面が表示されたら、「iCloudバックアップから復元」をタップします

Memo
iCloudのログインは
2ファクタ認証

iPhoneを元の状態に戻す機能でもあるので、次のページのパソコンを使ったバックアップも併せて、いろいろな方法を覚えておくと安心です。もちろん、日頃からバックアップを取っておくことも忘れずに!

iCloudのバックアップから復元する際、iCloudへのログインに際して2ファクタ認証を有効にしている場合は、認証が必要になります（P145参照）。認証できるデバイスなどの準備をしておきましょう。

〈 戻る

2ファクタ認証

確認コードを含むテキストメッセージを●●●●●●●●●●77に送信しました。続けるにはコードを入力してください。

— — — — — — —

確認コードを受信されませんでしたか?

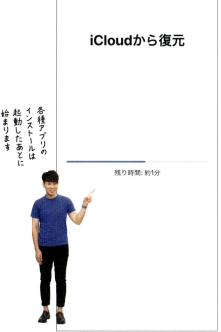

③ Apple IDとパスワードを入力して、バックアップを作成したiCloudにサインインすると「バックアップを選択」画面が開くので、復元したい日時のデータを選択します

④ さらに、Apple PayやSiriの設定を行ったあと、最後にiCloudからの復元が開始します。なお、Apple PayやSiri、Face IDなどは、あとから設定することも可能です

023 パソコンを使って自分の手元でiPhoneをバックアップ

「大切なデータのバックアップを、見えないクラウドにだけ保存するのは不安」という人には、iPhoneの中身をパソコンにバックアップする方法を紹介しましょう。

パソコンの場合、容量が気になるiCloudに比べてストレージに余裕があることに加え、Wi-Fiやモバイルデータによる通信が発生しないので、いつでも心置きなくバックアップできるメリットがあります。

また、アップル製のMacなら、

① ここではmacOS Big SurをインストールしたMacでバックアップを作成します。まずUSB-LightningケーブルでiPhoneとMacを接続し、FinderウインドウでiPhoneを選択します

② 初めてiPhoneとMacを接続すると、双方の画面で互いのデバイスについて確認メッセージが表示されます。それぞれ「信頼」をクリック／タップします

Memo
iTunes for Windows

iTunesは音楽や動画などのコンテンツを再生／購入／管理および、iPhoneとの同期を行うソフト。Windows用iTunesは、アップルの公式サイトまたはMicrosoft Storeからダウンロードできます。

- https://www.apple.com/jp/itunes/
- https://www.microsoft.com/ja-jp/p/itunes/9pb2mz1zmb1s

iPhoneを接続するとバックアップの作成や同期、復元がFinderから直接実行できるようになっています。macOS Catalina以前のMacやWindowsでは「iTunes」というソフトを使って同期します。

③ 「一般」が選択されていることを確認して、「iPhone内のすべてのデータをこのMacにバックアップ」を選択し、「今すぐバックアップ」をクリックします。「ローカルのバックアップを暗号化」にチェックを入れた場合は、復元時に使うパスワードを入力します

暗号化のパスワードは絶対忘れないように!

④ バックアップの進行状況は、サイドバーや画面下のプログレスバーで確認できます。また、③の画面で「バックアップを管理」をクリックして、不要なバックアップデータを削除することも可能です

パソコンのバックアップから iPhoneを復元する

024

パソコンでバックアップを作成した場合、iPhoneの復元もパソコンに接続して行います。パソコンでのバックアップには、認証情報や再ダウンロードが可能なコンテンツなどの例外はあるものの、iPhoneの中身をほとんど丸ごと保存できるので、機種変更や不具合でiPhoneをリセットしたときに、ほぼ元の状態に戻せるというメリットがあります。では、前ページで作成したパソコンのバックアップからiPhoneを復元してみましょう。

① 前ページで作成したバックアップで復元します。P.52の①の要領でiPhoneをパソコンに接続し、確認画面が表示されたら「信頼」をクリックまたはタップします

② 新しいiPhoneやリセットしたiPhoneを接続すると、このような画面が表示されます。「このバックアップから復元」でバックアップ元を選択し、「続ける」をクリックします

Memo

バックアップの対象に含まれないもの

パソコンでのバックアップでも、
次のものは対象に含まれないので注意。

- iTunes StoreおよびApp Storeから入手したアプリやコンテンツ
- iTunesで同期したコンテンツ
- iCloudにすでに保存されているデータ（メールなど）
- Face IDやTouch IDの設定
- Apple Payの情報と設定内容

これでiPhoneは
元通りに！

③ バックアップの暗号化を有効にした場合は、バック
アップ作成時に設定したパスワードを入力してから、
「復元」をクリックします

④ 復元中は、ケーブルを抜かずに待
ちましょう。iPhone側に「復元し
ました」が表示されたら、「続ける」をタッ
プして、画面の指示に従って初期設定を
行います。なお、アプリの設定やデータ
はバックアップから復元されますが、ア
プリ本体はApp Storeからダウンロード
されるので、Wi-Fiに接続して待機します。
このときケーブルは抜いても構いません

025 MVNOに契約している場合はAPN構成ファイルを忘れずに

　最近は、格安のMVNOに契約している人も多いと思います。ボクは検証も兼ねて大手キャリアとMVNOの両方と契約していますが、使い勝手は遜色ないですね。現在は5G対応できるかどうかが大きな違いです（P.44参照）。

　MVNOの契約端末でLTE（4G）接続するには「APN構成ファイル」をインストールする必要があります。ここではインストール方法の一例を紹介しますが、詳しくは契約しているMVNOの設定方法を確認してください。

① iPhoneのSIMトレーを開き、SIMカードを挿入します。iPhoneを起動したら、Wi-Fiに接続した状態で、契約しているMVNOのAPN構成ファイルをダウンロードします

② APN構成ファイルをダウンロードしたら、「設定」アプリを起動します。名前の下に「プロファイルがダウンロード済み」と表示されていればOKです。そこをタップしましょう

APN構成ファイルを
検索だ！

Memo

APN構成ファイルの見つけ方

APN構成ファイルは、契約しているMVNOのサイトからダウンロードする必要があります。SIMカードを購入すると、パッケージに記載されたQRコードなどでダウンロードサイトにアクセスできますが、「MVNO名 APN iOS」などで検索しても見つかります。

③ ダウンロード済みのAPN構成ファイルが表示されます。この時点ではまだインストールされていないので注意しましょう。問題なければ、右上の「インストール」をタップします

④ インストールが始まり、終わると「インストール完了」の画面になるので「完了」をタップします。Wi-Fiを一時的に切って、右上に「4G」の表示があれば設定完了です

026

Suicaを移行するときは いったん削除しましょう

iPhoneの機種変更を行う際、Apple Payに登録した各種のカードはiCloud上にバックアップされているので、同じApple IDでログインすれば自動的に復元されます。ただし、Suicaは元のiPhoneのWallet上か

らいったん削除する必要があります。忘れないように、移行前に作業しておきましょう。

なお、各種クレジットカードは複数のiPhoneに登録できるので、そのままでも新端末に登録できます。

① 旧端末の「設定」アプリ→「Walletと Apple Pay」→「My Suica」を選び、画面の下部にある「このカードを削除」をタップして、iPhoneからいったん削除します

② 新しいiPhoneの「Wallet」アプリを起動して「続ける」をタップ。「カードの種類」で「Suica」を選ぶと、削除したSuicaの情報が表示されるので指示に従って復元します

機種変更のときには必須!
LINEのデータ移行前準備

今や、多くの人にとって必須のLINE。機種変更の際にはデータがきちんと移行されないと困りますよね。ここではLINEの特性である「複数のスマホで同時にLINEを起動するとトークが消えてしまう」現象を理解し

た上で、より安全にアカウントを移行する方法を紹介します。アカウント移行前には念のためメールアドレスの登録やパスワードの確認、そしてトークをバックアップしておくことをオススメします。

① まず移行準備です。旧端末の「LINE」アプリで、ホーム右上の歯車アイコン（設定）→「アカウント引き継ぎ」の「アカウントを引き継ぐ」をオンにします。カウントダウンが始まり、36時間以内に移行する必要があります

② 設定の「アカウント」で電話番号／メールアドレス／パスワードが登録されていることを確認し、念のため「トーク」の「トークのバックアップ」を実行しましょう。データ移行後、新端末でログインすればトークは引き継がれています

復元後のダウンロードは 使いたいアプリから優先的に

機種変更などでiPhoneを復元したとき、アプリのダウンロードには時間がかかります。ボクは山のようにアプリをインストールしているので、ものすごく時間がかかって毎回気が重いです（笑）。

このとき、すぐに使いたいアプリがあるのに、なかなかインストールされなくて困ったことはありませんか？ 困ったときは、まずは長押し。メニューから「ダウンロードを優先」を選べばいいんです。

そのままだといつダウンロードされるかわかりません…

① iPhoneの復元作業が終わると、インストールされていたアプリが順番にダウンロードされていきます。すぐに使いたいアプリが「待機中…」になっていたら、長押ししましょう

② メニューが開きます。アプリは順不同で数個ずつダウンロードされますが、ここで「ダウンロードを優先」を選べば優先的にダウンロードされ、終わればすぐに起動できます

アップル純正アプリで Androidからも移行できる

iPhoneに乗り換えたい、でも使用中のAndroid端末から移行するのは面倒だ……と迷っている人! 実は移行するためのツールを、アップルが用意しているんです。その「iOSに移行」アプリを使うと、連絡先や写真データ、そしてメールアカウントやブックマークなどが、iPhoneに自動で移行できます。アップル製なので、セキュリティ的にも安心ですね。なお、作業は両方の端末を充電中の状態にして、Wi-Fiに接続して行います。

① 「iOSに移行」は「Playストア」から無料でダウンロードできる、Android用アプリです(図はAndroidのもの)。対応するOSはAndroid 4.4以上で、初期化したiPhoneにデータ転送できます

② iPhoneの初期設定作業で「Appとデータ」に進んだら、「Androidからデータ移行」を選び、表示されたコードをAndroid側に入力します。転送したいデータを選んだら、移行が始まります

YouTubeチャンネル
『かじがや電器店』撮影裏話

　ボクの公式YouTubeチャンネル『かじがや電器店』の登録者数が、30万人を超えました！ 前作『超スゴいiPhone』執筆時点では7万人ほどだったので、この1年ですごくたくさんの方に登録していただきました。多くの方に観てもらうため、ボクもいろいろと工夫しました。まず、2週間に1回だった配信スケジュールを週1回に増やしました。そして、「YouTube アナリティクス」をよく見るようになりました。

　アナリティクスは、動画やチャンネルの分析情報を確認できる公式のツールです。例えば、動画の再生数が伸びなかったとき、動画そのものがクリックされていないとか、オススメに表示されにくかったなど、何が原因だったのかをある程度予測することができるんです。これを参考にトライ＆エラーを繰り返しながら、視聴者が求めている動画を感覚的に覚えていったのがよかったのだと思います。

　今後とも『かじがや電器店』をよろしくお願いします！

毎回わかりやすく動画を編集してくれるYouTube動画制作スタッフの皆さんには感謝です！

Chapter 3

iPhone初心者にオススメ!
知っておきたい基本のテクニック

多彩な機能のiPhoneも使いこなして初めて活躍してくれます。まずは基本のテクニックを学びましょう!

030 機能をもっと追加して「コントロールセンター」を活用しよう

　iPhoneの画面右上端から下方向にスっとスワイプ（ホームボタンのある機種では画面の下端から上方向にスワイプ）すると出てくるコントロールセンター、よく使う機能だと思います。

　コントロールセンターをうまく利用すれば、いちいちアプリを起動したり、設定を変更したりしなくても、直接操作できちゃいます。自分がよく使う機能を追加すればさらに便利！　順番を変えたり、長押しして機能を呼び出したりして、使いこなしましょう。

① コントロールセンターの内容をカスタマイズするには、「設定」アプリの「コントロールセンター」をタップして、コントロールセンターの設定画面を開きます

② 画面上部の「含まれているコントロール」は、すでに登録済みの項目です。「コントロールを追加」以下のリストから追加したい項目の「＋」をタップします

Memo
長押して
使いこなそう!

とにかく長押し
してみよう!

コントロールセンター内のパ
ネルやアイコンの中には、長
押しで隠れた機能を呼び出
せるものがあります。複数の
アイコンのグループも長押し
すれば個別に設定できます。

③ タップした項目は、「含まれているコント
ロール」に移動します。また、項目の右側
にある三本線をドラッグすると表示の順番を変
更できます

④ 追加した項目(「ダークモード」「アラーム」
「低電力モード」)が、配置されました。使
いやすい位置になるよう、並び順を調整してお
きましょう

031 キーボードを移動すれば 片手入力もらくらく!

大型画面のiPhoneを使っている人や手が小さい女性など、片手での文字入力に難儀している人に試してほしいのが、キーボードの移動です。キーボードの位置を右または左に寄せるだけで、入力がずいぶん楽になりますよ。

キーボードの配置は、キーボードが表示されているときに、その場で気軽に変更可能です。なおキーボードの配置変更は、「設定」アプリの「一般」→「キーボード」→「片手用キーボード」でも設定できます。

右利き、左利きどちらでも大丈夫!

① キーボードの下にある地球儀のアイコンを長押しして、表示されたメニューでキーボードのアイコン(ここでは右寄せ)をタップします。左手入力なら左を選びます

② 中央に表示されていたキーボードが右側に移動しました。これで片手持ちでも文字の入力が楽になります。戻したいときは、キーボードの余白の矢印をタップすればOKです

032 QRコードには iPhoneのカメラをかざすだけ

　URLや連絡先などの情報が埋め込まれたQRコードを読み取るには、以前は専用のアプリが必要でした。そのころの名残で、いまだに専用アプリを使っている人がいますが、今では標準の「カメラ」アプリをかざすだけで、自動的に読み取れるんです。

　QRコードにカメラを向けても、普通の写真撮影モードになってしまう場合は、「設定」アプリの「カメラ」で「QRコードをスキャン」の設定を確認しましょう。

「カメラ」アプリを起動して、レンズをQRコードにかざすだけ。QRコードを認識すると、画面上部に通知が表示されるので、タップしてリンクを開きましょう

うまく読み取れない場合は、距離やピントを調整します。また、「設定」アプリの「カメラ」で「QRコードをスキャン」がオンになっていることを確認しましょう

ゲーム実況や手順説明に！解説付きで画面を録画

033

操作中の画面の動きを動画に収める「画面収録」は、ゲームのプレイ動画はもちろん、iPhoneの使い方を説明するときにも便利なんです。

ただし、画面収録をするには、少々準備が必要です。あらかじめコント

ロールセンターに「画面収録」を追加しておけば、録画の開始時にアイコンをタップするだけ。解説の音声を同時に録音する場合は、アイコンを長押ししてマイクをオンにしてから収録を開始すればOKです。

① 「設定」アプリの「コントロールセンター」→「コントロールを追加」で「画面収録」をタップして、コントロールセンターに追加します（P.64参照）

② コントロールセンターで画面収録アイコンをタップすると、カウントダウン後に録画が開始します。音声を同時に録音する場合はアイコンを長押ししてマイクをオンにします

Memo

収録停止時の
不要な部分は
「写真」アプリで
トリミング

ササッとカット
するだけで
動画の見栄えが
よくなりますよ!

「写真」アプリで動画を開き、「編集」を
タップすると、画面下のフレームビュ
ーアで動画のトリミングができます。
収録開始／停止の部分をカットするの
に便利です。

③ 録画が始まると、画面上部の時刻が赤色
で表示されます。収録を停止するには、
この時刻の部分か、コントロールセンターの収
録アイコンをタップします

④ 時刻か収録アイコンいずれかをタップす
ると、収録の停止を確認するメッセージ
が表示されます。「停止」をタップすると、「写真」
アプリに動画が保存されます

034 iPhoneには「保留」がない？通話を保留にする方法

通話を保留にしたい場面ってありますよね。皆さんはどうしてます？ 通話画面の「消音」ボタンを押すと、相手にこちらの音声が聞こえなくなりますが、突然音声が途切れたら不安ですよね。そんなときに欲しい「保留音」。

実は、iPhoneにもあるんです。

iPhoneで通話を保留にしたいときは、「消音」ボタンを長押しします。すると「保留」ボタンに変身します。ただし、キャリアによってはキャッチホンの契約が別途必要です。

消音だとけっこう違和感あるんだよね

① 通話中に「消音」ボタンをタップすると「消音」モードになります。相手にはこちらの音声が聞こえなくなり、こちらには相手の音声が聞こえている状態です

② 「消音」ボタンを3秒程度長押しして「保留」に切り替えます。保留の状態では保留音が鳴り、双方向で音声が聞こえません。保留を解除するには、保留ボタンをタップします

035 いつか役立つときが来る！ 半角カタカナを入力する方法

使う場面が思い浮かばないという人も、いざというときのために覚えておいてほしいのが、半角カタカナの入力方法です。

Webサイトの入力フォームなどで半角カタカナが必須なケースも稀にありますからね。また、友だちとの気軽なチャットで、文字を印象付けたいときにも効果的です。

半角カタカナの入力に特別な設定は不要です。変換候補をスクロールすると……、一番下にありました！

① まずは普通にかなを入力します。変換候補に全角の「カタカナ」が表示されますが、ここでは選択せずにスルーして右端の「∨」をタップしましょう

② 変換候補の一覧が表示されたら、下のほうにスクロースします。すると、最後に半角カタカナの変換候補が見つかるので、タップして入力します

036 データの圧縮・解凍も自由自在！ZIPファイルを使いこなそう

かつては、専用のアプリが必要だったデータの圧縮・解凍も、今ではiPhoneの機能に組み込まれて、誰でもZIPファイルが扱えるようになりました。これで、ZIPファイルが添付されたメールを受け取っても慌てることはありません。

「そもそもZIPって何？」という人にかんたんに説明すると、複数のファイルを1つのファイルにまとめて保存するファイル形式の1つがZIPです。一般的に、複数のファイルを1つにまと

① メールなどに添付されてきたZIPファイルを「ファイル」アプリ内に保存し、アイコンを長押ししましょう。メニューが表示されるので、「展開」をタップします

② ZIPファイルが展開され、オリジナルのZIPファイルと同じ階層に、展開されたデータ（図では「Apple Park」フォルダ）が表示されます

ZIPファイルを解凍せずに
中身を確認する方法って!?

めることを「圧縮」、元の状態に展開
することを「解凍」や「伸張」「展開」と
呼びます。

　添付ファイルの解凍だけでなく、複
数のファイルを1つにまとめてメール
で送るときにも便利ですよ。

そんな方法が、あるんです。ZIPファイル
のアイコンを長押しして、「クイック
ルック」→「内容をプレビュー」の順に
タップしていきます。

ここでも
ファイルアプリが
大活躍です

① ZIPファイルの作成も「ファイル」アプリ
で行います。ZIPファイルに含めたいファ
イルを選択したら、画面右下のメニューアイコ
ンをタップします

② 表示されたメニューで「圧縮」をタップす
ると、ZIPファイルが作成されます。メー
ルなどに添付するには、ファイルアイコンを長
押しして、メニューから「共有」を選びます

037 全角スペースの自動入力を 半角スペースに戻す方法

文章を入力しているとき、以前は半角だったスペースが、最近は全角で入力されて間延びして見えるのが気になっている人、多いと思います。

実はこれ、「スマート全角スペース」といって、ひらがなやカタカナなど全角文字の後にスペースを入れると全角になる機能なのです。

「スペースは常に半角がいい！」という人は、この機能をオフにすれば、すべての入力を半角スペースに戻せますよ！

全角文字のあとは全角に、半角文字のあとは半角に、自動的にスペースが切り替わります。「・」のあとの行頭などがそろえやすくなったのは便利です！

でもやっぱりスペースは半角で統一したいという人は、「設定」アプリの「一般」→「キーボード」で、「スマート全角スペース」をオフにしておきましょう

038 大文字だけの入力はシフトキーをダブルタップ！

クレジットカードの名義など、一連の英字をすべて大文字で入力する際に、もしかして1文字ごとにシフトキー（「⬆」）を押してませんか？

すべて大文字で入力したいときは、シフトキーをダブルタップします。これでパソコンのCaps Lockと同じ状態になります。動作しない場合は、「設定」アプリの「一般」→「キーボード」で「Caps Lockの使用」がオンになっていることを確認しましょう。

英語キーボード左下のシフトキーをダブルタップします。黒い矢印の下に「Caps Lock」が有効になったことを表す横線が出てきたら、大文字が連続で入力できます

039 メッセージの着信時間はドラッグして確認

うっかり見逃していたメッセージの着信時間を確認したい場面ってありませんか？「メッセージ」アプリは、やり取りの開始時間しか見えないのが難点なんですよね。

でも、実は見えていないだけで着信時間は確認できるんです。メッセージの画面を左方向にドラッグしてみてください。それぞれの投稿時間が吹き出しごとに表示されるはずです。

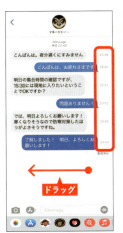

メッセージが表示されている画面全体を左方向にドラッグすると、各吹き出しの右側に、投稿した時間が表示されます。指を離せば元に戻ります

いつものLINE友だちを iMessageで驚かせよう!

スタンプを使ったやり取りが人気の「LINE」を楽しんでいる人は多いと思いますが、実はアップルのメッセージアプリ「iMessage」にも面白い機能があるんです。

例えば、iMessageで「おめでとう」と送信すると画面全体に紙吹雪が舞ったり、吹き出しにさまざまな動きを加えたりするエフェクトが用意されています。

iMessageは、Apple IDでサインインしたアップル製のデバイス間で無料で利用できるメッセージサービスです。相手もアップルユーザーなら、ときにはiMessageを送って驚かせてみましょう!

LINEにはないダイナミックな効果がたくさん!

iMessageで「あけましておめでとう」と送信すると花火が上がります。「おめでとう」では紙吹雪のエフェクトが発動します。エフェクトには効果音も付いています

エフェクトはほかにもいくつか用意されています。手動で設定するときは、メッセージ入力後に送信ボタンを長押しします。吹き出しとスクリーンのエフェクトが追加できます

エコー

吹き出しが大量に発生して飛び回るエフェクトです。驚かせたいときにピッタリ!

スポットライト

送信した吹き出しにピンスポットが当たって、メッセージが強調されます

風船

カラフルな風船が画面下から上に向かってふわふわ舞い上がります

ハート

吹き出しからハートがにゅーっと膨らんでいきます。気持ちを込めたいときに

レーザー

クラブやライブ会場の演出さながらのレーザー光線が放射されます

お祝い

無数の光の粒子が雪のように降り注ぐエフェクトです。温かいメッセージに

041 思いを伝えたいときは手書きメッセージを送ろう

画像や動画は当たり前。ミー文字やスクリーンエフェクトなど、多彩な機能が詰め込まれたiMessageに、アナログ感あふれる隠し機能があるってご存じでしたか？ 実は、メッセージ入力画面を横向きにすると、「手書き」キーが現れます。しかも、受け取った相手には、メッセージの初回開封時に限って、書き順どおりのアニメーションで表示されるんです。画面の向こうで、今まさに文字を書いているような、温かいメッセージになりますよ。

「メッセージ」アプリの画面でiPhoneを横向きにします。メッセージ入力欄をタップしてからキーボードの「手書き」キーをタップします。画面が横向きにならない場合は、縦向きの画面ロックを解除しましょう

なぜかちょっと達筆に見えます（笑）

入力画面が開いたら、指でメッセージを入力して「完了」をタップ。送信ボタンをタップすればOKです。送信前に画面を縦にすればエフェクトもかけられます（P.76参照）。入力したメッセージは再利用できます

042 メールの要点だけを引用して簡潔に返信しよう

受け取ったメールを読んだあと、そのまま返信アイコンをタップすると、返信メールに返信元の文章がすべて引用されてしまいます。相手からの質問や予定の調整など、回答が必要な内容のメールには、質問部分を選択して

から返信アイコンをタップしましょう。すると、選択した個所だけが引用されるので、どの質問に対する回答かがひと目でわかります。あとは、あいさつやメッセージを書き足せば、相手に伝わりやすいメールに仕上がります。

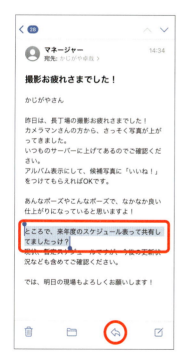

① 受信したメールで引用したい個所のテキストを選択し、画面下部にある返信アイコンをタップします。続いて表示されるメニューから再度「返信」をタップします

② 選択した部分だけが引用された返信メールが作成されます。引用した部分には、テキストの左側に引用符（図では縦線）が表示され、本文と区別されます

043 大切な相手からのメールは VIP扱いで特別に管理する

オンラインショップからの広告メールやいつ登録したのかもわからないメールマガジン、フィルターをすり抜けた迷惑メールなどでごった返すメールボックスから、重要なメールを見つけるのは至難の技。

そこで、大切なメールの見逃し回避策として活用したいのが、「VIP」機能です。この機能は、VIPに登録した人からのメールだけを「VIP」フォルダに選り分けてくれるので、何はなくともとりあえず「VIP」フォルダをチェッ

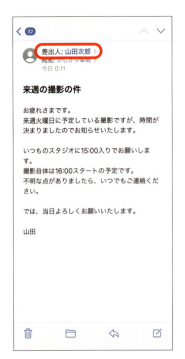

① 「メール」アプリでVIPにしたい人から届いたメールを表示し、差出人の名前をタップします。差出人の名前が青色のリンクに切り替わったら再度タップします

② 差出人の連絡先情報が表示されたら、「VIPに追加」をタップします。 VIP扱いを解除するには、この画面で「VIPから削除」をタップします

Memo
VIPからのメールは通知も特別仕様に

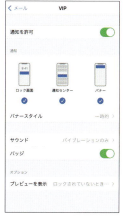

クしていれば、VIPからのメールを見逃すことはありません。また、複数のVIPを登録している場合、アドレスごとに自動でまとめてくれます。これで、メールチェックの手間と時間が一気に短縮できます。

れば、見逃しもなくなりますよ。

「設定」アプリの「通知」→「メール」で、VIPのみのバナーを持続的に表示するなど、特別な通知を設定することもできます。さらに通知をVIPだけに絞

VIPだらけで見つからない

① メールボックス一覧画面で、「VIP」の右側にある「i」をタップすると、VIPリストが表示されます。ここでVIPの追加や左方向のスワイプで削除が行えます

② メールボックス画面で、今度は「VIP」をタップしてみましょう。VIPに登録済みのメールアドレスから来たメールだけをまとめてチェックできます

044 「ダウンロードマネージャー」でファイルの場所はすぐわかる

Safariのリンクからダウンロードしたファイルって、どこに行っちゃうのかイマイチわからないですよね。実は、ダウンロードしたファイルは、「ファイル」アプリ→「このiPhone内」にある「ダウンロード」フォルダに保存されます。

場所がわかっても、「ダウンロード」フォルダを開くのが面倒という場合は、「ダウンロードマネージャー」を使って、Safariから直接フォルダに移動すると便利ですよ。

ここにいたのか、ダウンロードファイル！

① Safariでダウンロード用のリンクをタップして、ダウンロードを確認するメッセージが表示されたら「ダウンロード」をタップします。すると、直ちにダウンロードが始まります

② Safariの画面右上部に「ダウンロードマネージャー」のアイコンが表示されるので、これをタップします。虫眼鏡のアイコンをタップするとファイルの場所に移動します

045 使用状況をチェックして バッテリーを長持ちさせよう

バッテリー問題は、iPhoneユーザー共通の悩み。バッテリーの減りが早いと感じたら、「設定」アプリの「バッテリー」で、バッテリーの状態や使用状況をチェックしましょう。

「バッテリーの状態」では、新品時の状態を100%として、どの程度消耗しているかがわかります。また、過去24時間や10日間の使用状況を見ることで、どのアプリがバッテリーを使っているか、バックグラウンドで動いていないかなどが確認できます。

「設定」アプリの「バッテリー」で「バッテリーの状態」をタップすると、フル充電した際の最大容量がどれくらいかがわかります。80%を下回ったら内蔵バッテリーの交換を検討する頃合いです

バッテリーの使用状況では、バッテリー使用量の棒グラフをタップすると、アプリごとの使用状況やアクティビティ（稼働時間）が画面下部に表示され使用時間や割合が確認できます

046 チリも積もれば山となる！
自分でできるバッテリー節約術

バッテリーの減りが気になり始めたら、iPhoneの設定や使い方を工夫してバッテリーを節約しましょう。ということで、ここでは電力消費を少しでも抑えてバッテリーを長持ちさせるための定番テクを紹介します。

最も効果的と言われているのが画面の輝度を下げることなんです。それを意識しつつ、ここで紹介する小技を組み合わせて、しっかり節約！ ヘビーユーザーの方は、モバイルバッテリーの導入も検討してくださいね。

①省データモードを利用する

「省データモード」はデータ通信量を抑える機能ですが、バッテリー節約にも有効です。「設定」アプリで、Wi-Fiでは「Wi-Fi」→右端の「i」、モバイル通信では「モバイル通信」→「通信のオプション」→「データモード」で回線ごとに設定します

②バックグラウンド更新をオフ

〈一般　　Appのバックグラウンド更新
Appのバックグラウンド更新　　Wi-Fi 〉
Acrobat
Amazon
Apple Store
Apple サポート
BBC Sounds
Bear
Box
British Airways
CallAssistant
Creative Cloud
Currency
Darkroom

起動していないときに更新を行うアプリは意外と多いもの。「設定」アプリ→「一般」→「Appのバックグラウンド更新」でバックグラウンドでの更新をオフにします

ダークモードの
画面表示も
節電になるよ!

Memo
ピンチのときは
「低電力モード」

すぐに充電できない状況で、バッテリー残量が少なくなってきたら、「低電力モード」をオンにして電力を節約しましょう。「設定」アプリの「バッテリー」で設定できますが、コントロールセンターに追加しておくと、すばやくオン／オフが切り替えできて便利です。低電力モード時は、ステータスバーのバッテリーマークが黄色になります。

③自動ロックの時間を短く

「設定」アプリの「画面表示と明るさ」→「自動ロック」で、画面がスリープするまでの時間を設定します。ストレスがない程度に短くして電力消費を抑えましょう

④Wi-Fiに接続する

Wi-Fi接続のほうがモバイル通信よりも節電できます。安定して接続できる環境で長時間の作業をするときなどは、Wi-Fiにつなげておいたほうがバッテリーが長持ちします

047 「Siri」を味方に付けることが iPhone達人への近道!

アップル製のデバイスに常駐する音声アシスタント「Siri」は、単なるオモシロ機能ではありません。料理中など手がふさがっているときに、「Hey Siri！」と声をかければ自分に代わってiPhoneを操作してくれる、超便利な機能なんです。

Siriへのお願いは、「○○○して」と、ごく自然に話しかけるだけ。「ショートカット」アプリで独自のコマンドも作れるので（P.158参照）、使っていない人は、ぜひ活用してみてください。

「Hey Siri！」

Siriの真髄は画面に触れずに操作できる点。「設定」アプリの「Siriと検索」で「"Hey Siri"を聞き取る」をオンにします。サイドボタン（ホームボタン）の長押しでも起動できます

iOS 14の初期設定では、Siriとのやり取りは表示されません。ここでは、わかりやすくするために「設定」アプリの「Siriと検索」→「Siriの応答」で、内容の表示をオンにします

「○日○時から××の予定を入れて」

これでカレンダーに予定を追加してくれます。
しかも、すでに別の予定が入っている場合は、
そのことを教えてくれるんです

「○○に××と伝えて」

急いでメッセージを送りたい場面で便利。連絡
先にある名前でメッセージを作ってくれます。
「送信しますか」と聞かれたら「はい」で送信です

「○○○○を□□語で」

Siriは翻訳もしてくれる上に、流暢な発音で読
み上げてくれますよ! 現時点で日本語からは、
英語と中国語のみ対応しています

「○○円を××人で割って」

気の置けない仲間との食事で割り勘するときも
Siriに頼めば、スパッと均等に割ってくれます。
何から何までお世話になってます!

048 シャッターボタンを使って 撮影方法をすばやく切り替え

　一部の機種で採用されていたカメラの機能が、iPhone XS以降の機種なら利用できるようになりました。そのひとつがシャッターボタンによる操作です。例えば、写真撮影モードからすばやく動画撮影に切り替える

「QuickTake」は、シャッターの長押しで動画撮影を開始し、指を離すと停止します。動画を撮影し続けたい場合は、シャッターを右方向にドラッグします。左にドラッグすると「バーストモード（連写）」になります。

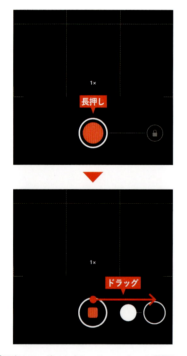

「写真」モードのときに、シャッターの長押しで動画撮影が始まり、指を離すと停止します。動画を撮り続けたい場合は、シャッターボタンを右にドラッグして輪の中に入れます

シャッターボタンを左方向にドラッグすると連写が始まり、指を離すまで続きます。なお、連写の中からベストショットが自動で選ばれますが、あとから手動で選択することもできます

シャッターチャンスを逃さない！ビデオと写真を同時に撮影

049

日没前後のマジックアワーや、気の置けない友だちとのオモシロ動画の撮影中に、「今しかない！」決定的瞬間ってありますよね。そんなときは、すかさず写真も撮ってしまいましょう。

撮影方法は簡単です。iPhoneでビデオ撮影を開始すると、画面にもうひとつ白いシャッターボタンが現れます。これをタップすると、動画とは別に静止画が保存されます。シャッター音が鳴らないので、静かに撮影したいときにも使えるワザです。

仕上がりは通常の写真のほうがきれいです

ビデオを撮影中、画面の隅に表示される白い円形のシャッターボタンをタップすると、ビデオと同じ画角の静止画が撮れます。音は鳴りませんが、撮れているので安心してください

これは、ビデオ撮影中に撮影した静止画です。実際には、動画から切り出した画像に相当するため、画質は動画撮影時の解像度に準拠します。例えば、4Kで動画撮影した場合の解像度は3,840×2,160ピクセル（約800万画素）になります

050

ファイルのやり取りには 「AirDrop」が便利すぎる件

みんなで撮影した動画や大量の写真を家族や友だちにその場で渡したいとき、どうしてますか？ メールで送るにはサイズが大きすぎるし、LINEだと画質が落ちてしまいます。iCloudなどクラウドストレージを使う方法もありますが、手間がかかる上に通信量も気になります。

そんなときは「AirDrop」が頼りになります。AirDropは、近くにあるiPhoneやiPad、Macなどのアップル製デバイス間で、手軽にファイル

① コントロールセンターで、BluetoothとWi-Fiをオンにして、さらに受信側のAirDropアイコンをタップして「連絡先のみ」または「すべての人」を選びます

② 転送したい動画や写真を「写真」アプリで選択し、画面左下にある「共有」アイコンをタップします。AirDropは「ファイル」や「連絡先」アプリなどでも利用できます

AirDropの受信を
知り合いに限定する

をやり取りできる機能。Bluetoothと
Wi-Fiを使うので、10m程度の範囲
内であれば、モバイル通信回線を使
うことなく高速にファイル転送可能
で、画質が落ちることもありません。
iPhoneユーザーの特権機能です!

AirDropは手軽に画像を送受信でき
ますが、それを悪用したイタズラもあ
りえます。「設定」アプリの「一般」→
「AirDrop」で「連絡先のみ」にしておけば、
知り合い以外からは送られてきません。

③ 共有メニューで「AirDrop」をタップして、
切り替わった画面で送信先のアイコンを
タップします。表示されないときは、受信側の
AirDrop設定を「すべての人」に変更します

④ AirDropでファイルが送られて来ると、
データ受け入れ確認画面が表示されます。
送り主がわかっている場合は、ここで「受け入れ
る」をタップしてファイルを受信します

機種変更なんて怖くない！
iCloudでデータをまるごと管理

iPhoneユーザーにとってiCloudは、切っても切れない関係にあります。iCloudは、iPhoneの重要なデータをクラウド上で管理するサービスで、メールやメッセージのやり取りでも利用しています。バックアップ用の

クラウドストレージとしても頼りになり、機種変更時はもちろん、万が一iPhoneを紛失した場合でも、メールや連絡先、写真に動画、果てはパスワードから各種設定まで、大切な情報はクラウドに保存されているので、新

① 「設定」アプリを起動し、一番上にある名前→「iCloud」の順にタップするとiCloudの利用状況がわかります。さらに「ストレージを管理」をタップしてみましょう

② 「ストレージを管理」では、ストレージの消費量が多い順にアプリが並びます。各アプリをタップすると、詳細確認やiCloud上からのデータ削除が行えます

しいiPhoneを入手すれば簡単に元の状態に戻せるわけです（P.50参照）。

iCloudには「iCloud Drive」や「ファミリー共有」など、ほかにも便利な機能が用意されています（P.108参照）。

そんな至れり尽くせりなiCloudで

すが、無料で使える容量は5GBまで。大量の写真や動画など大きなデータを扱う場合はストレージ容量をアップグレードする必要があります。安心してiPhoneを利用するためには、アップグレードを検討してもいいでしょう。

③ 「ストレージを管理」→「ストレージプランを変更」で、ストレージ容量のアップグレードができます。価格は月額で、50GB=130円、200GB=400円、2TB=1,300円です

iCloud Driveへは「ファイル」アプリからアクセスします。各アプリで扱うファイルをここに保存すれば、iPadやMacからもアクセスできて、簡単にファイル共有ができます

052 「また忘れた…」を 時間と場所でダブル予防!

　備忘録アプリ「リマインダー」は、やるべきことを記録するだけでは不十分。忘れずに通知を設定しましょう。通常、通知の設定は日時を指定しますが、リマインダーでは日時のほかに、場所を指定することができるんです。

　例えば、最寄り駅に到着したタイミングで買い物リストの通知を受け取れば「また牛乳買うの忘れた……」が予防できるというわけです。それでも心配な人は、時間と場所のダブル通知を設定しましょう!

① リマインダーを起動して、新しいタスクを作成します。作成したタスクをタップして選択し、クイックツールバーのカレンダーアイコンに続いて「今日」をタップします

② 次に、位置情報アイコン→「カスタム」をタップして場所を指定します。なお、項目の右側にある「i」マークをタップして通知の日時や場所などを設定することもできます

Memo

指定した場所で
通知が届かないときは

人は忘却の
生き物なの
です…

場所による通知が届かない場合は、「設定」アプリの「プライバシー」→「位置情報サービス」→「リマインダー」を開き、「このAppの使用中のみ許可」を選びましょう。

③ 通知させる場所を検索し、地図上部のタブで「到着時」か「出発時」を選択します。場所は、住所でもキーワードでもOK。検索結果のリストから目的の場所を選択します

④ 通知する場所の範囲はドラッグで調整できます。なお、「到着時」はマップで指定したエリアに入ったタイミング、「出発時」は指定エリアから出たタイミングで通知されます

053 写真の王道をしっかり守る iPhoneカメラの基本ワザ

新機種が登場するたびに性能が上がっていくiPhoneのカメラ、使いこなせていますか？ 被写体の背景をぼかすポートレートモードや、暗い場所でもきれいに撮れるナイトモードなど、機能は多彩ですが、ここでは、それらを生かすための基本のテクニックを紹介します。

また、12 Pro ／ Pro Maxでは、「ナイトモードポートレート」が使えるようになりました。 そのスゴい実力も試してみました！

明るさの調整で雰囲気を変える

スワイプ

撮影時、画面上の被写体をタップすると、タップした場所に合わせてピントと明るさが調整されます。その際に画面を上下にスワイプすると、明るさを調整して写真の雰囲気を変えられます

明るく補正

オート

暗く補正

グリッド表示は真上からのカットでも

被写体は真っ直ぐが基本!「設定」アプリの「カメラ」で「グリッド」をオンにすると、撮影時に格子状のグリッドが表示されます。被写体が斜めにならないように表示しておくのがオススメです。また、真上から撮る際には中央に水準器が現れ、「+」が重なると水平です。料理写真などで活躍してくれます

カメラを使いこなして「いいね!」をたくさんもらおう!

ナイトモードポートレート

ナイトモードポートレートの実力をチェック!

iPhone 12 Pro ／ Pro Maxで撮影できるナイトモードポートレート。かなり暗い場所でテスト撮影したものですが、明るくきれいで、背景がボケているので被写体が目立ちます。通常のポートレートモードと比べてみました

通常のポートレートモード

Apple Watch Series 6で 健康チェック!

　皆さんはApple Watchにどんなイメージを持っていますか?メールやLINEの通知を手元で確認ができたり、単体で電話ができたりと、iPhoneを有効に使える便利ツールというイメージかもしれません。でも、最近のApple Watchに対するボクのイメージは、"健康のためのガジェット"なんです。

　Apple Watchでは、さまざまなヘルスケアデータが取れます。運動量や心拍数、睡眠状態などに加え、国内ではまだ使用できませんが、心電図センサーも搭載しています。さらには、激しい転倒を検知すると自動で通報する機能もあります。

　そして、最新のApple Watch Series 6では、血中酸素濃度を測る機能が追加されました。血中酸素濃度とは、例えば「気分はいいんだけど、実は体調は悪化している」など、自分では

気が付かない体調不良を調べることができる数値です。自動で定期的に計測できるほか、「血中酸素ウェルネス」アプリを使って手動で調べることも可能です。こうして見ていくと、「自分の健康管理のためにもApple Watchを持っている」という気持ちになりますね。

Chapter 4

どれだけ知ってる？
iPhone芸人イチオシテクニック

いつもの操作方法を見直して
iPhoneを楽しく使いましょう。
便利な機能やオモシロ機能
オススメのテクニック満載です！

054 充実したPC向けのWebサイトをiPhoneで表示する

多くのWebサイトでは現在、スマートフォン／PC両対応か、スマホ向けのデザインが標準的です。iPhoneなどのデバイスが、それだけ普及したということでしょう。スマホの小さい画面でも見やすいように、シンプルな表示になっています。

ただし、PC向けのデザインが別途用意されているWebサイトは、PC向けのほうが機能や情報が豊富なことがあります。Webサイトの機能をフルに使いたい、情報をすべてチェック

① Safariでサイトを開きました。標準では、スマートフォン向けのシンプルな表示になっています。左上にある「**大小**」をタップしましょう

② メニューが表示されるので、「デスクトップ用Webサイトを表示」を選択します。このメニューでは、Webサイトの表示の拡大・縮小なども行えます

ちょっと見づらく
なるけどね

したいという人は、デスクトップ用の
Webサイトに表示を切り替えましょ
う。iPhoneでも、PC向けと同じデザ
インでWebサイトが表示されるよう
になります。もちろん、スマホ用の表
示に戻すのも簡単です。

Memo

指定のWebサイトを常にPC用で表示

「大小」をタップすると表示されるメニ
ューで「Webサイトの設定」を選び、「デス
クトップ用Webサイトを表示」をオンに
すると、そのサイトが常にデスクトップ用
で表示されるようになります。

③ ページが再度読み込まれ、より情報の多
い、パソコン向けのWebサイトが表示さ
れました。表示が小さいときは、拡大しながら
ブラウジングしましょう

④ 表示を戻したいときは再度「大小」をタッ
プし、メニューから「モバイル用Webサ
イトを表示」を選択します。いったんタブを閉じ
て開き直しても元に戻ります

055 意外に知られていない Webページ内の検索方法

「Safariでキーワード検索する方法は知っているんだけど、Webページ内の検索はどうやるの？」と、よく聞かれます。文字だらけのページなど、検索できないと不便ですよね。そんなときは、ページを開いた状態で、通常の検索と同じように検索窓にキーワードを入力します。そして表示された画面で、「このページ」の下にある「"○○"を検索」をタップすればOKです。目的の文字列を瞬時に見つけ出してくれますよ。

何件あるのかもすぐわかるよ！

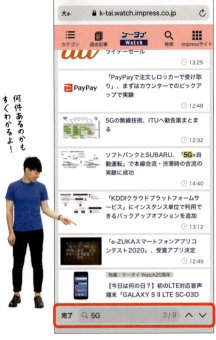

① 検索窓にキーワードを入力し、開いた画面の「このページ」の「"○○"を検索」をタップします。なお、共有メニューの「ページを検索」でもページ内検索は可能です

② キーワードが、黄色で強調された状態で表示されます。下部の矢印アイコンをタップすれば、ほかの場所にあるキーワードに移動できます。キーワードの再編集も可能です

056 閉じてしまったタブを 簡単に復元できるワザ

Safariで開きすぎたタブをせっせと消していると、何だか整理が進んでいるような気がして気持ちいいんです（笑）。でも調子に乗ってどんどん消していると、必要なページまで消してしまうことがあります。でも、心配ご無用！ タブ切り替え画面　で「最近閉じたタブ」を呼び出して、閉じてしまったタブを復元できるんです。

なお、この「最近閉じたタブ」の項目は、Safariの履歴を消去することで削除できます。

① Safariでタブを誤って消した場合は、まずタブアイコンをタップし、タブ切り替え画面を表示します。続けて下部にある「＋」を長押ししましょう

② 「最近閉じたタブ」ウィンドウが開きます。この一覧から、復元したいWebサイトを選んでタップすればOKです。なおこの項目は、履歴を消去することで削除できます

スマホ向けの縦長のWebページ 丸ごとPDFで保存できます

Safariで閲覧中のWebページ、メモ代わりにスクリーンショットを撮ることがあります。でも、スマホ用の縦長のWebページは1画面に収まりませんね。そんなときはPDFで丸ごと保存しましょう。

サイドボタンと音量を上げるボタン（ホームボタン）を同時に押してスクリーンショットを撮ったら、左下のサムネイルを タップします。「スクリーン」と「フルページ」のタブが現れるので、「フルページ」をタップして保存す

① 保存したいWebページを開いた状態でスクリーンショットを撮ります。すると、左下に画像のサムネイルが表示されるので、これをタップします

② 編集画面が開き、上部に「スクリーン」と「フルページ」のタブが表示されます。このタブはSafariでのみ表示されます。「フルページ」を選んで「完了」をタップします

Memo
スクリーンショットに
手書きメモを付ける

編集画面を開いたとき、下部に並んでいるペンなどのツールを使えばメモなどを自由に書き込めます。友だちに情報を伝えたりするのに便利です！

ればOKです。

あとで読みたいWebページをPDFで保存しておけば、オフラインでチェックすることも可能です。なお、PDFは「ファイル」アプリに保存されます。

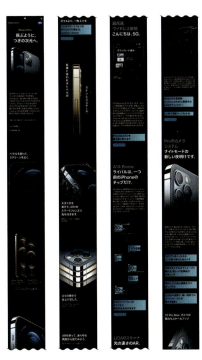

③ 画面下部にメニューが表示されるので、ここでは「PDFを"ファイル"に保存」を選びます。これでWebページがPDFとして、「ファイル」アプリに保存されました

④ これが保存された「iPhone」のWebページです。とんでもなく縦長のPDFファイルですね（笑）。保存しておけば、オフラインでも中身をじっくり閲覧できます

058 フラグとフィルタで大切なメールを整理しよう

使っている人は、仕事でもプライベートでも大活躍のメール。特に打ち合わせや待ち合わせの時間が記されたメールは重要ですね。そんなメールには、「フラグ」という目印を付けておくと、忘れずに済みます。

でもフラグ付きのメールが増えてしまうと、これまた混乱しちゃいますね。そこで便利なのがフィルタ機能です。フィルタを使えば、フラグ付きメールだけを表示させるといったことが、簡単にできるんです。

① メールボックスで、フラグを付けたいメールを左にスワイプ。続けて「フラグ」をタップしましょう。ここでは、メールをゴミ箱に捨てるといった操作も可能です

② フィルタ機能を使うには、メール一覧の左下の3本線のアイコンをタップ。「適用中のフィルタ」をタップして、「適用する項目」で「フラグ付き」を選びます（P.177参照）

059

Apple Payで支払う前に メインカードを決めておこう

Apple Payで支払いしてますか？ ボクはバリバリ使ってます。支払いのとき、サイドボタンを2度押ししてApple Payを起ち上げますが、複数のカードを登録していて、メインで使いたいカードが最初に表示されず、毎回入れ替えてる人はいませんか？ そんなときは「Wallet」アプリ上で、メインカードを入れ替えておきましょう。Touch IDの機種は指を置いて自動で支払うので、必ずメインのカードをセットしておきましょう。

① 「Wallet」アプリを起動すると、登録されているカードやチケットが表示されます。このとき、一番前に表示されているのがメインカードです。別のカードが表示されていたら、ドラッグして入れ替えましょう

② カードが入れ替わると「"○○○○○"がメインカードになりました」というウィンドウが開くので「OK」をタップ。これで、Apple Payでの支払いの際に表示されるメインカードが変更されました

060 家族でiPhone使うなら「ファミリー共有」に登録しよう

　家族でiPhoneを使っている場合、同じアプリや音楽をそれぞれ別々に購入するのはちょっともったいないですよね。あなた以外の家族もiPhoneを使っているのなら、迷わずiCloudの「ファミリー共有」を利用しましょ

う。家族6人までが、iTunes Store、Apple Books、App Store で購入したコンテンツを無料でダウンロードできます。

　また、Apple MusicやiCloudストレージにもファミリープランが用意さ

① 「設定」アプリの上部の名前をタップ→「ファミリー共有」で、現在ファミリーに共有可能な内容が表示されます。「メンバーを追加」をタップします

② 「登録を依頼」をタップして、AirDropやメールなどで、ファミリー共有への登録依頼を出します。なお、13歳未満のApple IDは「お子様用アカウントを作成」で作成できます

Apple Musicには
ファミリープラン
（月額1400円）があるよ

Memo

iCloudストレージを
家族で共有

れています。バックアップにも使える
iCloudストレージは、大容量を家族
で利用したほうが使い勝手がいいん
です。料金的にもお得なので、家族
がiPhoneユーザーなら導入を検討し
ましょう。

iCloudストレージは、200GB（月額400
円）か2TB（月額1,300円）のプランで共
有できます。追加されたメンバーが「設定」
アプリ上部の名前→「ファミリー共有」→
「iCloudストレージ」で「ファミリースト
レージを使用」をタップすると利用できる
ようになります。

③ 登録案内には「○○○さんからの登録案
内」というリンクが用意されているので、
タップします。するとファミリー共有の登録画面
が開くので「ファミリーに登録」をタップします

④ ファミリーメンバーが追加されました。購
入済みのアプリは無料でダウンロードで
きます。音楽や動画は「iTunes Store」アプリの
「その他」→「購入済み」でダウンロード可能です

061 既読を付けずにLINEを見る方法 4つの定番テクニック

皆さんの定番のお悩みといえば「既読を付けずにLINEを見る方法」です（笑）。最新OSで確認できた、4つのテクニックを伝授します！

❶通知でチェックが最強： ロック画面や通知センターにプレビューを表示させます。「設定」アプリで「通知」→「LINE」→「プレビューを表示」→「ロックされていないときのみ」に。さらに「LINE」アプリの「設定」→「通知」→「メッセージ通知の内容表示」をオンにすれば、長押しで確認できます。

❷横向きで安全に確認： トークの一覧でiPhoneを横向きにすると表示量が少し増えます。手軽で安全ですが、直近のメッセージの一部のみ。

❸長押しは慎重に： トークの一覧で長押しすると、プレビュー画面が開きます。誤って再度指が触れると既読になるので慎重に！（笑）

❹機内モードで自由自在： 機内モードで閲覧後、新規で届いたメッセージをすべて削除し、マルチタスキング画面でアプリを完全終了します。メッセージが届くたびにこれを繰り返せば、既読は付きません。ただし、一度既読を付けるとすべてに既読が付きます。また、メッセージを削除し忘れると、次回アプリを起動した瞬間に既読が付くので注意！

1 通知でプレビュー表示するようにしておけば、チラ見でも確認できます。長押しすると内容がすべて確認できます。スタンプもチェック可能。ただし、再度タップすると既読が付きますよ！

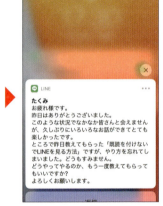

② トーク一覧の画面で確認。iPhoneを横向きにすると、表示される文字数が少し増えます。手軽で失敗がありませんが、直近がスタンプだと何もわかりません

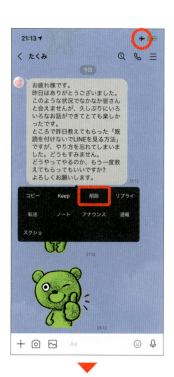

③ トークの一覧で長押しをすると、プレビューが表示されます。スタンプも確認できますが、スクロールできないため、過去のメッセージは見られません。再度タップで既読が付くので注意！

④ 機内モードなら全部見られます。見終わったあとに新規で届いたメッセージは全部削除してアプリを完全終了すること。ちなみに、こちらがメッセージを送っても既読が付かないので、相手は混乱します（笑）。一度でも既読を付けると、全部に既読が付きます。なお、ほかの友だちとのやり取りは問題ありません

062 LINEでブロックされたかどうか コッソリ確かめる方法…

LINEで相手にブロックされたかも……？ 不安を抱えたままでは精神衛生上よくないので（笑）、ブロックされたか確かめましょう。

その方法は「LINE」アプリで相手が持ってなさそうなスタンプをプレゼントするだけ。「スタンプを持っているためプレゼントできません」とメッセージが出たら、ブロックされた可能性が高いです。もう1種類くらい試してもプレゼントできないようなら、ほぼ確定です。

運命の瞬間ですね……

① 「LINE」アプリの「ホーム」→「スタンプ」で、相手が持ってなさそうなスタンプを選んで、プレゼントします。ブロックされていなければ購入確認画面に進むはずですが……

② ここで「○○○はこのスタンプを持っているためプレゼントできません」と表示されたら、ブロックの可能性が高いです。なお、ここまでのアクションは相手にはわかりません

063 街の中をバーチャル観光！ 楽しい「Look Around」

「マップ」アプリには、地図上の道に降り立って360度を見渡せる「Look Around」機能が搭載されています。これが単なる情報確認のツールではなく、ちょっとした旅行気分を味わえる楽しい機能なんです。

以前はアメリカのみでしたが、現在では各国の大都市や、日本でも使えるようになっています。特に日本は、東京だけでなく、名古屋や大阪、京都、福岡などでも利用できます。iPhoneで観光に出かけてみましょう。

① 「マップ」アプリで「Look Around」が対応している都市の地図を開きます（図は大阪）。拡大すると右上に双眼鏡のアイコンが現れるので、タップしましょう

② その場所から見た風景が表示されます。ドラッグで360度を見渡したり、タップして道を進んだりすることもできます。また左上の矢印をタップすれば全画面表示となります

ホーム画面に置きたくない！
そんな**アイコンの隠し方**

他人の目に触れることが多いホーム画面。デザインがカッコ悪いアイコンやちょっと恥ずかしいアプリのアイコンは、見せたくないですよね。かといって、Appライブラリの奥に置いておくのではアクセスが悪い。そんなときは、ホーム画面のフォルダ機能を使って隠しておきましょう。

方法は簡単。隠したいアイコンをフォルダの2ページ目に収納するだけです。これならアクセスのいい場所に置いておくことができます。

① アプリ長押しで「ホーム画面を編集」を選ぶか、ホーム画面のすき間を長押しします。次に隠したいアイコンをドラッグしてほかのアイコンに重ね、フォルダを作ります

② 隠したいアイコンをドラッグして、右側に移動します。するとフォルダの2ページ目が開くので、そこに配置します。これでアイコンはホーム画面では見えなくなりました

065 小さい文字を見るときは iPhoneの「拡大鏡」が便利

　最近、小さい文字が見えづらくなった……。時が経てば、誰にでも訪れる現象ですね。

　そんなときは、iPhone標準の「拡大鏡」機能を使いましょう。「カメラ」アプリで撮影した画像を拡大するという方法もありますが、この「拡大鏡」のほうが簡単かつすばやく文字を見ることができます。また、拡大率を変更したり、見やすい明るさやコントラストに調整したり、そのまま撮影してじっくり確認することも可能なんです。

iPhoneがルーペ代わりに！

① 「拡大鏡」機能を使うには、まず「設定」アプリの「アクセシビリティ」で「拡大鏡」を選び、オンにします。そして、サイドボタンをトリプルクリックすると起動します

② 「拡大鏡」の画面です。画面下部では拡大率、明るさ、コントラストなどの調整が可能です。LED照明をオンにしたり、このまま撮影したりすることもできます

066 「おやすみモード」を設定して熟睡できる環境作りを!

ぐっすり眠りたいときは、着信音などはオフにしておきたいものです。「おやすみモード」は、そんな人のための便利な機能です。

しかし、緊急の電話には対応したいですよね。「おやすみモード」なら、「連絡先」の「よく使う項目」に登録した電話番号からの着信、あるいは同じ人からの繰り返しの着信（3分以内の着信）は通知するといった設定が可能です。賢く設定して、安心して熟睡しましょう。

「設定」アプリの「おやすみモード」では、時間指定のほか、「よく使う項目」にある連絡先からの着信や同じ人からの繰り返しの着信は通知するといった設定が可能です

コントロールセンターのおやすみモードでは、「この場所から出発するまで」という設定もできます。モードを解除せずに出かけて、着信に気付かないというミスを防げます

067 急にかかってきた電話はひとまず留守電に切り替える

手が離せないときに急にかかってきた電話。とりあえず留守番電話に切り替えたいんだけど、どうすればいいかわからない！ そんな経験はありませんか？ 留守電っぽいボタンは見当たらないですよね。実は「拒否」ボタンをタップすれば、留守番電話に切り替わるんです。ただし、スリープ時の着信では「拒否」ボタンが表示されないので、代わりにサイドボタンを2回押しましょう。

留守番電話に切り替えるのは、実は「拒否」ボタンです。ちょっと紛らわしいですよね（笑）。なお、留守電の利用にはキャリアとの契約が必要で、未契約の場合は普通に切れちゃいます

068 カラオケ練習に最適!? 歌詞をタップして再生!

Apple Musicは、月額980円（学生480円、ファミリー1,480円）で、7000万曲が聴き放題のサブスクリプションサービスです。

Apple Musicにはちょっと気が利いた機能があって、曲によっては歌詞を表示して曲に合わせて自動的にスクロールしてくれるんです。さらに、ここを聴きたいという部分の歌詞をタップすると、そこから再生が始まります。カラオケの練習に最適かも!?

Apple Musicで再生中の曲を選び、左下に吹き出しアイコンがあればOK。タップすると、歌詞が表示されます。再生に合わせて自動スクロールしますが、聴きたい位置をタップするとそこから再生されます

069 最大100万枚の画像が無料で保存できる「共有アルバム」

　写真アプリで作ることができる「アルバム」では、知り合いに公開して「いいね！」やコメントをもらったり、自由に写真を追加したりできる「共有アルバム」を作成することが可能です。友だち同士で旅行に行ったあとや、イベント後に写真をシェアするのに便利なのですが、この共有アルバムのすごさは、最大で100万枚の画像や動画を保存できること！しかも、自分のiCloudストレージの消費量としてカウントされないので、実質的に無料で

① まず「設定」アプリの「写真」→「共有アルバム」をオンにしておきます。次に「写真」アプリの「アルバム」で、左上の「+」をタップして、「新規共有アルバム」を選びます

② タイトルを入力して「次へ」をタップし、参加してもらいたい人の電話番号やメールアドレスを宛先に追加します。「作成」をタップすればアルバムが作成できます

利用できるんです。

　アルバムの保有数は最大200で、それぞれに最大5000枚の写真や動画を登録できます。投稿数は1時間当たり最大1,000枚、1日当たり10,000枚ですが、制限というほどではないです

ね(笑)。

　ただし、保存した写真は長辺が2048ピクセルに縮小されるので、オリジナルの画像データは別途保存しておきましょう。なお、動画は最大720Pで、最長15分までです。

枚数を気にせず
どんどんアップしよう!

③ アルバムができたら、追加したい写真や動画を選んで投稿します。アルバムの参加者や投稿する写真は、あとから追加可能です。参加者がそれぞれ写真を追加することができます

④ 写真やコメントを投稿したり、「いいね!」をしたりすると、ほかの参加者に通知が届きます。最大100人まで参加できるので、旅行のあとなどにみんなで写真を持ち寄りましょう

070 4K撮影の前に確認しておきたい解像度とフレームレート

最近のiPhoneは、4Kの高解像度かつ60fpsという滑らかなフレームレートで動画が撮影できます。とはいえ、それは最高スペックでのことで、HDや30fpsといったフォーマットで撮影することも可能です。

「カメラ」アプリでビデオ撮影するとき、画面の右上に「4K・60」と出ていたら、解像度が4K、フレームレートが60fpsです。スペックをタップするとそれぞれ切り替わるので、撮影前に確認しましょう。

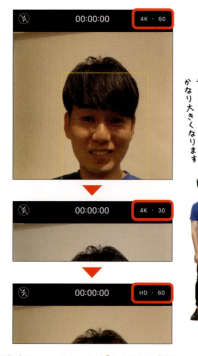

解像度とフレームレートは「カメラ」アプリ上で変更します。「ビデオ」モードにすると右上に数値が表示されるので、これをタップして切り替えます。解像度は4KとHDが選択できます

「設定」アプリの「カメラ」→「ビデオ撮影」でも変更できます。データサイズの目安が出ているので、参考にしましょう。720pの動画はここで選択する必要があります

071 「iPhoneストレージ」で空き容量不足を解消する

iPhoneをしばらく使っていると気になるのが、ストレージの空き容量です。データをこまめに整理しておけばいいんですが、けっこう面倒ですよね。そんなときは「iPhoneストレージ」を活用してみましょう。ストレージの状態を確認できるだけでなく、削除すべきデータや設定変更の提案もしてくれる便利な機能です。インストールしているアプリをサイズ順に確認することもできるので、ストレージの整理に役立つはずです。

① 「設定」アプリの「一般」→「iPhoneストレージ」で、ストレージの状況と、容量を減らす提案が表示されます。図では、サイズの大きな添付ファイルの削除が提案されています

② アプリはサイズ順に並べられ、前回使った日付も表示されます。選択すると、書類やデータを残したままアプリを取り除くか、削除するかを選ぶ画面が現れます（P.188参照）

072 文字のサイズや太さを調整して読みやすくしておこう！

iPhoneに表示される文字が読みづらい……。そう感じている人はいませんか？　だったら、文字の太さやサイズを調整して、読みやすくしておきましょう。

調整は、「設定」アプリにある「画面表示と明るさ」で行います。ここで文字の太さやサイズを一度調整してしまえば、ホーム画面を含め、ほとんどのアプリに一括で変更が反映されます。

またサイズだけなら、コントロールセンターに追加した「テキストサイズ」

① 「設定」アプリの「画面表示と明るさ」で、「文字を太くする」をオンにします。以前は再起動後に反映される仕様でしたが、iOS 13以降では、そのまま変更されます

② 図を見てわかるように、「設定」アプリ内の文字も太くなりました。次は文字の大きさを変更しましょう。「テキストサイズを変更」をタップします

Memo

コントロールセンターで
手軽にサイズ変更

テキストサイズ

コントロールセンターに「テキストサイズ」を追加すると、文字サイズを手軽に変更できるようになります。頻繁にサイズを変えたい人にオススメのワザです。

でも変更可能です。状況やアプリに応じて文字サイズを変えたい人なら、覚えておきたいテクニックですね。

なお、文字サイズを大きくすると、見やすくなる半面、一画面に表示できる情報量が減るので注意です。

戻る テキストサイズを変更

**Dynamic Type機能に対応している
Appでは、下のスライダで指定したサ
イズでテキストが表示されます。**

これは見やすいね!

ドラッグ

③ 画面下部のスライダーを左右に動かすことで、テキストサイズを変更できます。上部に文字のサンプルが表示されるので、これを確認しながら調整しましょう

iPhoneの表示を自動的に調整します。

Night Shift	オフ >
自動ロック	5分 >
手前に傾けてスリープ解除	

テキストサイズを変更	>
文字を太くする	

Night Shift | オフ >

自動ロック	5分 >
手前に傾けてスリープ解除	

テキストサイズを変更	>
文字を太くする	

④ 上が標準の文字、下が文字を太くしサイズも大きくした文字です。なお「設定」アプリの「アクセシビリティ」では、さらに文字サイズを大きくすることができます

073 書類をきれいに**スキャンするなら**「**ファイル**」アプリを活用しよう!

気が付くとやたらと増えてしまう紙の書類。整理するのは面倒ですね。そんなときはiPhoneでスキャンして、デジタル断捨離しましょう。でも、スキャンといえば「カメラ」アプリと思っている人はいませんか? もちろん撮影はできるんですが、実は「ファイル」アプリのほうが書類を読みやすい状態でスキャンできるんです。多少斜めになっていても補正してくれるし、モノクロスキャンも可能です。

スキャナー機能は「ファイル」アプ

① 書類を適当な場所に置いたら「ファイル」アプリを開き、右上のメニューアイコンをタップします。するとメニューが表示されるので、「書類をスキャン」を選択します

② 書類が自動的に識別されます。ここでは「手動」モードですが、「自動」モードでは書類が認識されると自動的に撮影されるので、書類が多いときなどに便利です

Memo

「メモ」アプリでも書類のスキャンは可能

リを開くと表示される右上のメニューから、「書類をスキャン」を選ぶことで活用できます。保存先は、iCloud上かiPhone内を選択できます。また書類のスキャンは、「メモ」アプリでも同様に行えます。

書類のスキャンは、実は「メモ」アプリでも行えます。「新規メモ」アイコンをタップし、続けてカメラアイコンを選び、「書類をスキャン」を選択します。あとの操作はほぼ同じです。

③ 「手動」モードの場合はシャッターボタンを押したあと、スキャン範囲の調整画面になります。書類の四隅の丸をドラッグして調整し、「スキャンを保持」を選択します

普通に撮影するより断然読みやすいよ!

④ スキャン画像は左下にサムネール表示され、タップすることで確認できます。ここでさらにトリミングなどを行うことも可能。問題なければ「完了」→「保存」をタップしましょう

074 メモの保存先は iCloudがオススメ

「メモ」アプリで作成したメモの保存先は、「iPhone」と一部のメールサービスのほか、「iCloud」から選択します。クラウドサービスのiCloudに保存しておけば、たとえiPhoneを紛失したとしても、データは残ります。また、同じApple IDでサインインしたMacやiPadといったアップル製デバイスと、メモデータを共有することもできます。こういったメリットを生かすためにも、メモの保存先は「iCloud」にしておきましょう。

① まず、iCloudの設定を確認します。「設定」アプリの一番上の名前をタップ、「iCloud」→「メモ」の項目をチェックします。オフになっていたらオンにします

② 「設定」アプリの「メモ」を開き、「デフォルトアカウント」を「iCloud」に、iPhone内に保存する設定である「"iPhone"アカウント」をオフにします

Memo
「メモ」アプリをすぐに
利用できるようにするワザ

「メモ」アプリはコントロールセンターに追加することもできます。すぐにアクセスできるので、新規メモの作成などが瞬時に行えます。書類のスキャンもワンタッチで行えますよ（P.124参照）。

③ 保存場所がiCloudになりました。iPhone内にメモを保存している場合は、移動するかどうかのウィンドウが開きます。残したい場合は「メモへ移動」を選択して「メモ」アプリに切り替え、iPhoneアカウントのメモをiCloudに移動します

メモ愛用者としては見逃せない！

④ iCloudに保存した場合は、同じApple IDでサインインしているアップル製デバイスとメモを共有できます。図はMacの「メモ」アプリ。iPhoneで作成したメモが確認できます

075 「計算機」がアッという間に関数電卓に変身

　人によっては出番が多い「計算機」アプリ。シンプルなインターフェースですが、実は関数電卓に変身できるんです。方法は簡単、iPhoneを回転させて横にするだけ。実際にやってみるとわかりますが、「＋」や「×」のほかに、あまり見慣れないマークのボタンがズラッと並びますよね。これはメモリーや三角関数の計算に使う記号で、理系の学生さんや、ボクのような税理士には必須の機能なんです！ でも、普通に足し算にも使えますよ（笑）。

Memo
計算機はコピペにも対応しています！

答えが表示されたら、数字の部分を長押ししてみましょう。すると「コピー」と「ペースト」のボタンが現れます（「ペースト」は文字列をコピーした状況でのみ）。計算結果をコピーしたり、ほかのアプリから数字を持ってきたりできるんです。

「計算機」アプリを起動し、画面を横にします。するとキーが一気に増えて関数電卓になります。ボクも税理士として、ある程度使いこなしています。すべてではありませんが（笑）。なお使う前に、コントロールセンターで「画面縦向きのロック」をオフにしておきましょう

SIMロックiPhoneを無料でSIMロックフリーに

076

大手キャリアで購入したiPhoneには、原則としてSIMロックがかけられています。SIMロックがかかっていると、購入したキャリア、および同系列の通信業者の回線でしかiPhoneを利用できません。また、月額使用料を2000円程度に抑えられる格安SIMを使ったMVNOを選べないなどの制限もあります。

そこでSIMロックされているiPhoneを使っている人はすぐにSIMロック解除をしちゃいましょう。実は

ネットで解除すれば無料で、作業はすぐに終わります。解除してもサービスはそのまま受けられるし、保証もそのままです。

ただし、SIMロック解除の条件は各キャリアによって異なります。一括払いで購入した端末は即日解除できますが、分割払いで購入したり、SIMロックされた中古端末を購入した場合は、解除可能になる日程を確認しましょう。なお、窓口での解除は有料なので注意しましょう。

各キャリアのサポートページでSIMロック解除の手続き方法を確認しましょう。docomoの場合は、My docomoの「解約内容・手続き」の奥底に「SIMロック解除」の項目が用意されています

SIMロック解除するメリット

キャリアを乗り換えても、そのまま端末が利用できる

格安SIMを提供するMVNOが利用可能。月額2,000円前後で今使っているiPhoneがそのまま使える

海外に行ったとき、現地のプリペイドSIMなどが利用できる

機種変更する前に、My docomo / My au / My SoftBankなどで手続きすれば、無料で解除できる

キャリアに左右されないので、人に譲ったり、売ったりしやすい

最近は自動的に解除される場合もあります

税理士芸人が教える
iPhoneとマイナンバーカードの関係

　ボクは日本税理士会連合会に所属する税理士でもありますが、業務上細かい要件を確認するのに慣れているので、iPhoneとマイナンバーカードを使った特別定額給付金の申請でも不備なく完了することができました。実は、iPhoneとマイナンバーカードの組み合わせって非常に便利なんです。

　iPhone 7以降であればマイナンバーカードを読み取ることができるので、特別定額給付金の申請やマイナポイントの予約・申込などがiPhoneだけでできてしまうんです。それだけではなくて、何と確定申告書の送信（提出）まで可能なんです！さすがに業務としての確定申告書はパソコンで送信していますが、比較的簡単な「2か所以上の給与収入がある方」の申請などは、iPhoneだけで十分です。

　今後、マイナンバーカードは健康保険証として利用できるようになり、引っ越しや転職をしてもそのまま使えたり、マイナポータルで医療費が確認できたりする予定です。iPhone＋マイナンバーカードの可能性も広がりそうです。

iPhoneの「マイナポータル」アプリでマイナンバーカードが読み取れます

Chapter 5

大切なデータもこれで安心!
iPhone防御・防衛テクニック

大切なデータが詰まったiPhone。ボクが紹介するテクニックでしっかり守ってあげましょう!

盗撮や盗聴からあなたを守る！iPhoneが見張っているぞ！

077

iOS 14には、ユーザーのプライバシーを守る仕組みが多数追加されました。そのひとつが盗撮・盗聴対策機能です。カメラが起動すると画面上部に緑のインジケーターが、マイクが起動するとオレンジのインジケーターが点灯する仕組みです。

これにより、例えば「表示はゲームなのに、実は裏でカメラを起動して盗撮をしている」といった悪質なアプリがわかり、被害を防ぐことができるというわけです。

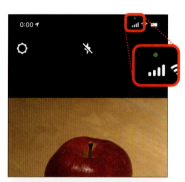

カメラは緑、マイクはオレンジの小さなインジケーターが点灯します。下は目覚ましアプリなのですが、睡眠中のイビキを録音する機能がマイクを使っていることを示しています

カメラやマイクの利用直後にコントロールセンターを開くと、上部にどのアプリがカメラ（上）、またはマイク（下）を利用していたかが表示されます。確認しておくと安心ですね

078 コピーした情報への不正アクセスを監視する

iOS 14では文字列などをペーストすると、「"○○"に○○からペースト」と表示されます（○○はアプリ名など）。これは、コピーした情報への不正アクセスを防ぐための機能です。ここに自分がコピーやペーストの作業をした覚えのないアプリ名が表示されていたら、そのアプリが、コピーした情報に勝手にアクセスしていた可能性があります。特に、パスワードなどの重要な情報を扱うときは、不審な表示が出ないか確認しましょう。

隠れてこっそり情報を盗むアプリに注意！

アプリをまたいでコピー＆ペーストを実行すると、どのアプリがコピーした情報かを表示します。上は「Safari」でコピーしたURLを「メール」にペーストしています

ちなみに「ユニバーサルクリップボード」という機能で、同じApple IDでサインインしているアップル製デバイスの間でもコピー＆ペースト可能！Macで書いた長文をiPhoneにペースト！

079 iPhoneのストレージ不足は外付けストレージで<mark>解決</mark>

　パソコンのデータの受け渡しに便利なUSB接続のフラッシュメモリー。実はiPhoneでも使えます。iPhone内の写真や動画をコピーして渡したり、大切なデータのバックアップに使ったりと便利です。特に、相手の

PC環境がわからないときは、プラットフォームを気にすることなく手渡せるのがいいですね。

　さらに、iPhoneの写真や動画を大量にバックアップしたいときには、USB接続の外付けハードディスクを

これで写真や動画を保存し放題だ！

USBフラッシュメモリーを利用するには、「Lightning - USB 3カメラアダプタ」を使います。iPhoneに付属するLightningケーブルと電源アダプターで電源供給する必要があります。「Lightning - SDカードカメラリーダー」を使えば、SDカードも同様に利用可能です

利用できる外付けハードディスクは電源供給型の据え置き型タイプで、電源のないコンパクトタイプのものは使用できません。フォーマットにも注意しましょう

使用することも可能です。比較的安価で大容量なので、データのバックアップにはオススメです。

　いずれも利用には、「Lightning - USB 3カメラアダプタ」が必要です。なお、iPhoneで認識できる外部スト レージのファイルシステムは、exFATかFAT32、または暗号化されていないHFS PlusかAPFSの4種類です。購入後にPCでフォーマットするか、フォーマット済みのものを購入するようにしましょう。

① 写真や動画を外部ストレージに保存する場合は、「写真」アプリで転送したい写真を選び、共有アイコンをタップ。「"ファイル"に保存」で保存先に外部ストレージが認識されていれば選択して、「保存」をタップします

② iPhoneに戻すときは、「ファイル」アプリで外部ストレージを開き、右上のメニューで「選択」をタップ。画像を選んで共有アイコン→「○枚の画像を保存」で、「写真」アプリに保存されます

IDやパスワードの管理は iPhone任せでガッチリガード

　Webサービスなどを利用していると、どんどん数が増えていくIDやパスワード。覚えておくのは大変です。ボクの解決策は、ずばり「iCloudキーチェーン」。この機能をオンにしておけば、iPhoneで保存したログイン情報を、クラウド上で管理して自動入力できます。特にiPadやMacも一緒に使っている人なら、さらに便利！ 同じApple IDでログインしているデバイスであれば、パスワードなどが共有できちゃうんです。

① 「設定」アプリで上部の名前をタップし「iCloud」→「キーチェーン」を選択。「iCloudキーチェーン」をオンにします。情報はクラウド上では暗号化されるので安心です

② 一例として、InstagramにSafariでアクセスしてIDとパスワードを入力します。すると、パスワードをiCloudキーチェーンに保存するか聞かれるので、保存しましょう

もうひとつ活用したいのが、Safariの自動入力機能。iCloudには対応していませんが、IDなどに加え住所などの情報もWebフォームに自動入力できます。入力する機会が多い人にはオススメですね。

保存したパスワードを確認するには、「設定」アプリの「パスワード」をタップします。そしてiPhoneのパスコードやFace IDの認証で、パスワードを保存したWebサービスやWebサイトのリストが表示されます。

大切な情報なので取り扱い注意で！

③ 次にInstagramのアプリをインストール。起動すると、キーボードの上部に候補となるIDなどが表示されるのでタップし、Face IDなどで認証すると自動入力されてログインできます

④ Safariの自動入力機能は、「設定」アプリの「Safari」にある「自動入力」で設定します。「連絡先」にある自分の情報やクレジットカード情報などを保存できます

081 「探す」アプリで 子どもの居場所を確認しよう

iPhoneのGPS機能は、地図やその場の天気を調べるのに役立っています。そのGPSを利用して、iPhoneを持っている子どもの位置を確認することもできます。ここでは、ファミリー共有している子どもの居場所を確認

する方法を紹介します（P.108参照）。

子どものiPhoneで位置情報をファミリー内の親のアカウントに共有しておくと、親のiPhoneで「探す」アプリを使って居場所を確認できるというわけです。

① 子供のiPhoneで「設定」アプリ→上部の名前をタップ→「Apple ID」の「探す」で「位置情報を共有」をオンにしてから、「ファミリー」にいる親の名前をタップします

② 連絡先のカード情報が表示されるので、画面下部にある「位置情報を共有」をタップします。「探す」に戻り、「ファミリー」のリストの名前が濃くなっていればOKです

Memo
位置情報の共有期間を設定

「探す」アプリでも位置情報の共有を開始することができます。友だち同士などでもやり取りが可能で、共有時には、「1時間」「明け方まで」「無期限」から期間を選択できます。みんなで旅行に行ったときなど、一時的に共有するときに便利ですよ。

移動したときの通知機能をうまく使うと便利！

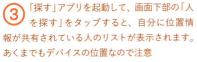

③ 「探す」アプリを起動して、画面下部の「人を探す」をタップすると、自分に位置情報が共有されている人のリストが表示されます。あくまでもデバイスの位置なので注意

④ 名前をタップすると、経路や移動時間なども調べられます。「通知」の「追加…」では、子供が移動したら通知したり、自分が移動したときに通知を送ったりすることもできます

082 迷惑なメールやメッセージに対処するテクニック

iPhoneユーザーみんなが困っているのが、迷惑メールと迷惑メッセージです。少しでも減らしたいですよね。まず気を付けたいのは、当たり前ですが、怪しげなサイトに自分のメールアドレスなどを登録しないということで

す。そして、メインのほかにWebサービスなどに登録するためのサブのアドレスを用意して使い分けるというのも手ですね。

それはさておき、iPhoneの操作で迷惑メールを減らすテクニックを紹介

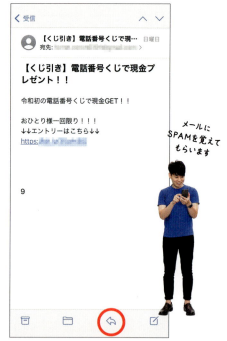

① 迷惑なメール（SPAM）が届いたら、そのメールが表示されている画面で、下部の右から2番目にある返信アイコンをタップします。そのまま返信しないように注意！

② 下部にメニューが表示されました。一般的にはここで返信や転送のほか、フラグを付けたり、ゴミ箱に入れたりする操作を行います。下にスクロールします

しましょう。迷惑メールが届いたら、すぐに「迷惑メール」に指定しておきます。この操作を繰り返していると、やがて、似ているメールが届くと自動的に「迷惑メール」に移動されるようになります。

メッセージの場合は、「設定」アプリで「不明な差出人をフィルタ」をオンにしておきましょう。あとは各キャリアのサポートページなどで、迷惑メール（メッセージ）のフィルタの設定を強くしておくのもお忘れなく。

③「"迷惑メール"に移動」を選択します。これで似ているメールが、自動的に迷惑メールに移動するようになります。この操作を繰り返すことで、精度は徐々に上がっていきます

④ メッセージの場合の対策は、「設定」アプリの「メッセージ」で「不明な差出人をフィルタ」をオンにすることです。連絡先にない人からのメッセージは別のリストに入ります

083 パスコードを複雑にして セキュリティをパワーアップ

　たくさんの重要な情報や個人情報が入っているiPhone。セキュリティは高いに越したことはありません。その要となるパスコードですが、標準では6ケタの数字。これではちょっと不安だという人もいるでしょう。

　このパスコード、実はケタ数を増やしたり、アルファベットを含んだものにすることができるんです。より複雑なものにすれば、セキュリティは高くなります。あとは自分が忘れてしまわないように気を付けましょう。

① 「設定」アプリの「Face IDとパスコード」にある「パスコードを変更」を開き、現在のコードを入力後、新しいコードを入力する画面で「パスコードオプション」を選択します

② 「カスタムの英数字コード」では数字と欧文が混在したコードが設定できます。「カスタムの数字コード」ではケタ数を増やせます。新しいコードはしっかり覚えておきましょう

084 緊急時に頼りになる iPhoneの「メディカルID」

肌身離さず持ち歩くiPhone。事故や急病のときにユーザーを助けてくれる機能まで用意されています。

「ヘルスケア」アプリの「メディカルID」に血液型、身長、体重などのほか、持病やアレルギーの有無、そして緊急連絡先などを入力しておけば、もしものときはロック解除なしで周囲の人に情報を伝えることができます。またこの画面からは、警察や消防署に緊急電話がかけられます。"もしも"のときのため、設定しておきましょう。

① 「設定」アプリの「ヘルスケア」にある「メディカルID」を開いてみましょう。身体に関する情報が入力できます。「ロック中に表示」はオンにしておきましょう

もちろん本当に緊急のときだけです！

② 警察などに電話をかけることもできる「緊急」画面は、サイドボタンと音量ボタンの長押しで呼び出せます。「設定」アプリの「緊急SOS」で設定できます

085 セキュリティにも効果あり！「プライベート」ブラウズ

知り合いのiPhoneを借りてWebで検索という場面、履歴などを残したくないこともありますよね。そんなときに利用したいのが「プライベート」ブラウズモード。何だか変なWebサイトを見る際に使うというイメージがありますが（笑）、実はセキュリティ的にも優れた機能なんです。

例えば、IDやパスワードといった情報が残らなくなります。さらに、特定のWebサイトから閲覧履歴を追跡されることもなくなります。

① 「Safari」を開いたら、右下にあるタブアイコンをタップ。次に左下の「プライベート」をタップします。これで「プライベート」ブラウズモードがスタートします

② URL欄はグレーに、下部のアイコンは黒になります。なお履歴は残りませんが、タブは「プライベート」ブラウズモードに残るので、使い終わったら必ず削除しましょう

086 情報を徹底的に守る！「2ファクタ認証」を有効にしよう

2ファクタ認証とは、例えば、新しいiPhoneなどにサインインするときに2種類の情報が必要になるという、二段構えのセキュリティシステムのことです。具体的にはパスワードのほか、信頼できるデバイス（ほかのiPhoneやMacなど）に表示されるコードが必要になります。デバイスを持っていない場合は、テキストメッセージや音声でも確認できます。個人情報を守るための機能なので、有効にしておきましょう。

① 「設定」アプリの上部の名前をタップ→「パスワードとセキュリティ」→「2ファクタ認証」をオンに。なお、テキストメッセージなどは、ここで設定した「信頼できる電話番号」に送られます

② iPhoneへのサインイン時に信頼できるデバイスに認証コードが表示されます。これは、デバイスにMacを指定した場合です。「許可する」をタップして表示された数字をiPhoneで入力しましょう

これで他人にログインされません

087 隠したい写真は 削除ではなく"非表示"に

「写真」アプリで人に画像を見せる機会ってありますよね。「どれどれ」なんてスワイプされたり、サムネールで一覧されたりした瞬間に、見せたくない写真を見られたことはありませんか？ 削除しても構わない写真なら消しておけばいいのですが、消せないものもあるでしょう。

そんなときのオススメは「非表示」です。データを消さずに隠すので、手軽で、友人にも安心して写真を見せることができます。

① 隠したい写真を開いた状態で、共有アイコンをタップします。これは記念に撮影したアップル本社のトイレのドアの写真。決して変な写真ではないのですが……

② メニューが開くので、「非表示」をタップしましょう。目に斜線が入っているアイコンですね。項目が見当たらない場合は、下のほうにスクロールしましょう

Memo
「非表示」アルバムを
非表示にするテクニック

写真を非表示にしたのはいいけれど、その写真が入っている「非表示」アルバムは、実は表示されたままです。念には念を入れるなら、「設定」アプリの「写真」で、「"非表示"アルバム」をオフにしましょう。これでアルバム自体が表示されなくなります。

ふう、これで見つけ出すのは困難だろう

③「写真を非表示」というメニューが表示されるので、タップします。これで選択した写真は、「写真」アプリのライブラリやマイアルバムに表示されなくなります

④ 非表示にした写真を元に戻すには、まず「非表示」アルバムを開き写真を選択。開いた状態で共有アイコンをタップし、メニューから「再表示」をタップしましょう

088 写真を一時的に編集して何の写真かわからなくするワザ

写真を隠す方法として、前のページでは「非表示」にする手順を紹介しました。ここでは違うやり方として、写真をライブラリに表示させたままで、何の写真かわからなくするテクニックを紹介しましょう。いわば裏ワザとい

うわけです。

使用するツールは、「写真」アプリの「編集」にある「トリミング」です。本来は画像の不要な部分を切り取る機能ですが、ここでは写真の一部分を拡大してトリミングし、写っている

① まず「写真」アプリで隠したい写真を開きます。ちょっとはしゃぎ過ぎなので、今見ると恥ずかしいんです（笑）。気を取り直して、右上の「編集」をタップします

② 「編集」の画面となりました。次に下にある「トリミング」を選びます。本来は、画像の不要な部分を切り取ったり回転させたりするツールです

Memo
編集した写真を
元に戻すのは簡単

ものを判別できないようにします。こ
れで、人に写真を見せるときも安心で
すね。なお「写真」アプリによる編集
は、簡単に元に戻すことができます。
心配せずにどんどん編集しちゃいま
しょう。

戻したい写真を開いたら、右上の「編集」
をタップします。編集画面では右下に「元
に戻す」という文字が表示されるので選
択、続けて「オリジナルに戻す」を選びま
す。これで編集前の写真に戻ります。

③ ちょうど手に持った袋のところを拡大し、
トリミングしました。何の写真かわからな
くなりましたね。最後に右下のチェックマークを
タップします

④ 必要に応じて、この操作を繰り返します。
ライブラリを開くと、3つの写真が見えな
くなっています。サムネールを開いても、被写
体はわからない状態です

089 プライバシーを守ったまま Apple IDでサインイン

アプリやWebサイトに新規登録するとき「Appleでサインイン」を使えば、名前や生年月日などを入力することなく、簡単かつ安全にサインインすることができます。またメールアドレスを登録したくない場合には、ランダムなアドレスを自動作成し、そのアドレス宛のメールを本当のアドレスに転送してくれる機能まで用意されていて、至れり尽くせりです。

なお、利用には、2ファクタ認証を有効にしたApple IDが必要です。

① この機能に対応するアプリやWebサイトに登録しようとすると、「Appleで続行」または「Sign in with Apple」といったボタンが表示されるので、選択しましょう

② メールアドレスの登録の際に「メールを非公開」を選ぶと、ランダムに作成された仮のアドレスが登録されます。仮アドレス宛のメールは、本当のアドレスに転送されます

090 LINEのQRコードを更新して情報流出を防止する

LINEで友だちを追加するのに便利なQRコード。たとえ遠方の相手でも、メールで送れば簡単に友だちになれます。しかし、このQRコードは重要な個人情報。流出すると面倒です。何らかの方法で送信したり公開したり

したら、QRコードを更新しておきましょう。操作は簡単なので、定期的な更新がオススメです。当然ながら以前のQRコードは無効になるので、誰かに送ったら、相手が登録したことを確認してから更新しましょう。

① まずLINEのホーム画面で右上の歯車（設定）アイコンをタップ。「設定」の画面が表示されるので、「プライバシー管理」→「QRコードを更新」と進みます

② すると、QRコードを更新するか尋ねるウィンドウが表示され、「更新」をタップすれば更新は完了。そのまま新しいQRコードを表示できます。なお、更新回数に特に制限はありません

091 「メモ」アプリのロック機能で 大切な情報を守ろう

便利な「メモ」アプリ。皆さん、さまざまな用途で活用しているでしょう。ただし、パスワードなどの重要な個人情報をメモして、そのままにしていませんか？ それは危険です！

実はメモには、簡単にロックがかけられる機能が用意されているんです。大事な情報は必ずロックしておくことをオススメします。

なお、ロックできるのは、iCloud上かiPhoneアカウントにあるメモに限られます。重要なメモは、どちらかの

① ロックをかけたいメモを開き、右上のメニューアイコンをタップします。すると、メニューが表示されるので、「ロック」をタップしましょう

② パスワードを設定すると「ロックが追加されました」という表示が現れます。しかし、この段階ではカギは開いたままなので（上のカギアイコンに注目）、注意しましょう

Memo

メモのパスワードの 変更やリセットの方法

パスワードの変更やリセットは、「設定」アプリの「メモ」にある「パスワード」で行います。なお、リセットにはApple IDのパスワードが必要です。Face IDなどの使用のオン／オフもここで行います。

アカウントで管理するようにしておきましょう。

そして、メモはロックしていても、一覧表示にすると1行目は見えてしまいます。パスワードなどはメモの最初の行に書かないように注意！

パスワードは専用のものになります

③ 右上のカギアイコンをタップすると、メモがロックされます。開くときは「メモを表示」をタップしましょう。Face ID（Touch ID）か専用パスワードによる認証が必要です

④ ロックをなしにするには、メモを開いた状態で再びメニューアイコンをタップします。そして今度は「削除」を選択します。これでロックがなくなります

092 調べてみると驚きの結果に! iPhoneの使用時間をチェック

iPhoneアプリを何となく操作していたら、いつの間にか時間が経っていたという経験、ありますよね。「スクリーンタイム」はiPhoneの使用時間を表示して、いわばiPhone依存度を可視化してくれる機能です。

スクリーンタイムでは、使用時間だけでなく、どの時間帯に何をどれくらい使ったか、使用頻度の高いジャンルは何かといった統計データを確認できます。先週と比較しての時間の増減や、各アプリの通知の回数、何が理

① 「設定」アプリの「スクリーンタイム」でiPhoneの使用時間がグラフで示されます。タップすると時間が表示されます。多くの人がこの数字を見て驚きます（笑）。ここで、休止時間や時間制限なども設定できます

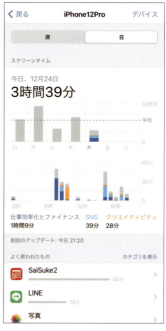

② 「すべてのアクティビティを確認する」をタップすると、時間ごとに何のアプリを使っていたのかがわかります。アプリのカテゴリごとに表示を切り替えたり、アプリごとの使用時間を確認したりすることもできます

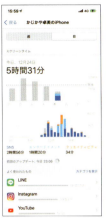

Memo
子どものiPhoneの使用状況を確認

由でiPhoneを持ち上げたのかといったこともチェックできるので、自分のiPhoneの使い方を客観的に確認できます。自分とiPhoneの関係が見えてくるこの機能、一度は試しておきましょう。

「スクリーンタイム」には、ファミリー共有している子供のiPhoneの監視機能も用意されています。使用時間やアプリの制限をリモートで行えるほか、スクリーンタイム・パスコードを設定できるので、勝手に解除することはできません。

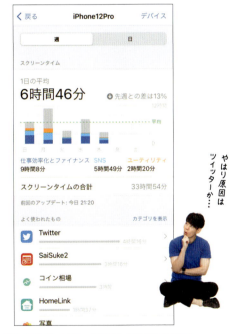

やはり原因はツイッターか…

③ アクティビティの画面で下にスクロールすると、iPhoneを持ち上げた回数や通知の回数をチェックできます。自分がどのアプリを使うために持ち上げたのかわかります。不要な通知を確認したら、ここで通知の設定を変更できます

④ アクティビティは週ごとの数字も確認できます。1週間の使用状況を見ると、自分のiPhoneの使い方の傾向がよくわかります。使いすぎだなと思う人は、これを見て使い方を改めてみてもいいかもしれません

2020年
使ってよかったアプリをご紹介

　YouTube『かじがや電器店』で「2020年上半期使ってよかったアプリ」という動画を公開したら、動画を観たテレビ番組関係者から何件もオファーをいただきました。動画自体も約55万回再生されています。特に反響が大きかったものを紹介します。

トリセツ

製品の取扱説明書を保存しておけるアプリ。製品によってはバーコードをスキャンするだけで登録が完了します。購入日や保証期限を登録すれば、保証期限が切れる前に通知してくれます。

フォトスキャン
by Googleフォト

写真をスキャンするアプリ。ツルツルした写真は、撮影するときに照明の映り込みなどが発生しますが、それを低減させてきれいに取り込めます。

Googleアプリ

ご存じGoogle謹製のアプリですが、ただの検索ツールではありません。「レンズ」という機能を使えば、カメラで覗いたものが何なのかをビジュアルを元に検索したり、外国語にかざせば自動翻訳をしてくれたりします。

AirPods Proのケースをスキャンすると、見事に正解！

Chapter 6

すばやい操作でワンランクアップ！
iPhoneスピードテクニック

iPhoneの操作に
慣れてきたら
操作の速度を
上げていきます！
ボクのこのスピードに
ついてくることが
できるかな!?

093 「ショートカット」をマスターして iPhoneを自動化しよう!

　さまざまな操作を自動化できる「ショートカット」アプリ。難しい印象があるので、使ったことがない人が多いと思います。でも、このアプリを使いこなすと、iPhoneがもっともっと便利になります。

　例えば、本来は「設定」アプリの「Wi-Fi」を開いて操作するWi-Fi機能のオフも、タップ一発で完了します。一連の操作をオリジナルのショートカットとしてホーム画面に配置することもできるので、いちいち「設定」

① Wi-Fi機能をオフにするショートカットを作ってみましょう。アプリを起動したら右上の「+」をタップして、新規ショートカットの画面で「アクションを追加」をタップします

② 「wi-fi」で検索して「Wi-Fiを設定」をタップ。「Wi-Fiをオンにする」が追加されるので「オン」の部分をタップして「オフ」に切り替えたら、右上の「次へ」をタップします

アプリを開く必要がありません。

さらに、オートメーション機能を組み合わせることもできます。起動するトリガーを「自宅に到着」にしてWi-Fiをオンにするショートカットを設定しておけば、外でWi-Fiを切ったまま忘れてしまい、そのまま自宅でモバイル通信量を無駄使いせずに済みます。

アプリ内の「ギャラリー」にサンプルが用意されているので、中身をカスタマイズしたりしながら勉強してみるといいでしょう。

作ってみると、意外に簡単！

③ アイコンをタップして、わかりやすいグリフを選んだら、ショートカットの名前を決めて「完了」をタップします。これでショートカットが作成できました。タップして動作を確認しましょう

④ 動作を確認したら、長押しして「詳細」をタップして、「ホーム画面に追加」をタップします。すると、ショートカットがホーム画面に配置されます

カーソルをスイスイ移動！キーボードをトラックパッドに！

テキスト入力の最中にカーソルを移動したい。でも、思ったところをタップできず、イライラすることってありませんか？ そんなときに便利なのが、キーボードをノートパソコンのトラックパッドのようにするワザです。

方法は簡単で、キーボードの「空白」か「space」キーを長押しするだけ。すると、キートップの文字が消えて、キーボードがあったエリアをなぞることで、カーソルが自由に動かせます。目的の位置にサッと移動できますよ。

① キーボードをトラックパッドにするには、「空白」キーを長押しすればOKです。QWERTY配置の英語キーボードの場合は、「space」キーを長押ししましょう

② すると、キーボードの文字が消えて、トラックパッドのような操作が可能になります。指でドラッグすることで、カーソルを自由に動かせるわけです

Wi-Fiのパスワードは タップ一発で転送できます

　自宅に来た友だちや会社の来客がWi-Fiを使いたいとき、複雑なパスワードを教えるのはけっこう面倒ですよね。そんなとき、簡単に伝える機能が、実は用意されているんです。

　初めて接続するWi-Fiにつなごうとすると、パスワード入力画面になります。そのとき、すでに接続済みのiPhoneが近くにあれば、タップのみでパスワードを共有できます。ただし、連絡先にApple IDが登録された相手にのみ有効です。

知り合いのみに使えるテクニックですね

① 両方の端末でWi-FiとBluetoothをオンにして、初めて接続するWi-Fiを選ぶと、「パスワードを入力」の画面が開くので、このまま待ちます。ただし、自分のApple IDが相手の連絡先に登録されている必要があります

② 初めて接続するiPhoneの近くにすでに接続済みのiPhoneがあれば、Wi-Fiパスワードを共有する画面が開きます。「パスワードを共有」をタップすれば、相手に自動的にパスワードが登録されて接続が完了します

096 LINEのQRコードを すばやく表示する方法

LINEでQR交換の場面。「QRコードって、どうやって出すんだっけ?」ともたつくと、気まずいですよね(笑)。そんなときは「LINE」アプリのアイコンを長押ししましょう。表示されたメニューから「QRコードリーダー」を選べばリーダーが起動するので、「マイQRコード」で自分のQRコードを表示できます。アプリを起動済みの場合は検索窓の右端にあるQRのアイコンをタップしてもOKです!

アプリのアイコンを長押し→「QRコードリーダー」「マイQRコード」でQRコード表示です。ホーム/トーク/ニュースの検索窓右端のアイコンでもOK

097 タップでスムーズに テキストの範囲指定!

テキストのカットやコピーをしたいとき、範囲選択する作業で時間がかかっていませんか? 実はこの範囲指定、タップでも実行できるんです。

例えば、単語を選択したいならタップ2回、行または文を選択したいならタップ3回、そして段落全体を選択したいならタップ4回となります。なお、カットやコピーは、選択した部分をタップすると表示されるメニューから選べばOKです。

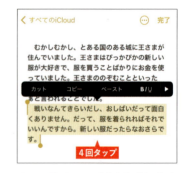

4回タップをすると、段落全体が範囲指定されます。カットやコピーはメニューから選びましょう。なお「B/U」を選ぶと、文字にボールドなどの装飾が施せます

098 シャッターチャンス到来！最速でカメラを起動せよ！

SNSにアップしたくなるような、シャッターチャンス到来！ しかし、iPhoneのロックを解除して「カメラ」アプリを起動してシャッターをタップして……とやっていたのでは、到底間に合いません。そんなときはロック画面を右から左に一気にスワイプ！ これで「カメラ」アプリが起動して、撮影可能な状態になります。ロック画面のカメラアイコンをタップするよりも早くスタンバイできますよ。

ロック画面で右から左にスワイプ！「カメラ」アプリが起動し、撮影できるようになります。これで、シャッターチャンスを逃しません！

099 急に鳴った着信音をとりあえず止める方法

混んでいる電車の中や重要な会議中、急に着信音が鳴ると焦ります。誰からかかってきたか確認する前に、ひとまず音は止めたい……！ そんなときは、とりあえずiPhone本体の左右にあるボタンを押しましょう。押すのは、サイドボタンでも音量ボタンでもOKです。これで、電話を切ることなく着信音は止まります。バイブレーションのときも同様ですので、落ち着いて対処しましょう。

とりあえずボタンを1回押せば、着信音は止まります。これなら手探りでもできますね。ただし、電話はつながったままなので注意しましょう。サイドボタンを2度押しすると拒否になります

手入力より速くて確実!?
音声入力で長文もすぐに完成

ボクは音声入力の愛用者です。簡単な文章だけでなく、長い原稿でも、周りに人がいなければ音声で入力しちゃいます。iPhoneの音声入力はそれぐらい精度が高く、十分実用的なんです！

スムーズに入力するコツは、一般的な文字だけでなく、「てん」や「まる」といった記号や、「かいぎょう」などの処理をマスターすることです。一度やってみると、やみつきになりますよ！ ぜひ、トライしてみてください！

キーボード下部のマイクアイコンで音声入力スタート。この文章は、音声入力のみで書きました。実際には、入力後に手作業で少し修正しますが、文字校正までしてくれて十分実用的です

主な記号入力コマンド

記号	音声入力
、	てん
。	まる
?	はてな
!	びっくりまーく
（スペース）	たぶきー
:	ころん
・	なかぐろ
…	てんてんてん
_	あんだーばー
→	やじるし
①	まるいち
♪	おんぷ
（ ）	かっこ／かっことじる
○ ●	しろまる／くろまる
〜	ちるだ
¥	えんきごう
＞	だいなり
@	あっとまーく

記号を入力するときに使える、音声入力のコマンドの例です。なお、マイクアイコンが非表示の場合は、「設定」アプリの「一般」→「キーボード」で「音声入力」をオンにしておきましょう

101 「や」をフリックして カギカッコをスピード入力

文字入力で意外と手間取るのがカギカッコ。「かっこ」と入力して変換候補から探すほか、数字キーボードに切り替えて「7」からフリック入力するといった方法がありますが、どちらも面倒ですね。

実はひらがなキーボードにもカギカッコが隠れています。「や」のキーをフリックしてみましょう。左右にカギカッコが現れたと思います。これだとキーボードを切り替えたりする必要がなく、すばやく入力できますね。

① 「や」のキーを長押しすると、左右にカギカッコが現れます。文字を打つときにはフリックですばやく入力しましょう。キーボードを切り替える必要はなく、ひらがなのままでOK

② 変換候補では、二重カギカッコや角カッコといった特殊なカッコも表示されます。こちらも「や」からフリック入力したあとに変換すると、簡単に入力できます

102 バーを長押し＆ドラッグで スクロールは超速！

　Webページの中には、ものすごく縦長のものもあります。そうしたページで下のほうに移動するには、何度もフリックする必要があってじれったいですよね。急いでるときは、スクロール中に表示されるスクロールバーを長押しでつかまえましょう。するとスクロールバーが太くなり、ドラッグすることで一気にスクロールできるようになります。なお、このテクニックはSafariのほか、Twitterなどのアプリでも活用できますよ！

圧倒的スピード！

① Webページをスクロールすると、右端に細いスクロールバーが表示されます。このバーを長押ししてみましょう。すぐにバーが消えてしまうので、すばやくつかまえよう！

② 長押しすると軽く振動があり、スクロールバーが太くなります。それをドラッグすると、一気にページ内を移動できます。高速スクロールの実現です

103 「コントロールセンター」で接続先を簡単に変更！

Wi-FiやBluetoothの接続先の変更は、通常は「設定」アプリで行います。ちょっと面倒なこの操作、簡単に行う方法があるんです。コントロールセンターのWi-FiやBluetoothのアイコンを長押しすると接続先の選択画面が表示されるので、切り替えたい項目をタップすれば変更完了です。なお、Wi-FiやBluetoothを完全にオフにする場合は、下部の「○○設定...」をタップして「設定」アプリで行います。

コントロールセンターを開き、左上のパネルを長押し。そのあとWi-Fiのアイコンを長押しします。接続先が表示されるので選びましょう

104 長押しで一発！キーボードの切り替え

キーボードを日本語から英語などに切り替えるには、地球儀アイコンをタップします。しかし、英語にするつもりが行き過ぎて絵文字なり、何度も押してまた戻ったりしてませんか？ 実はこの地球儀アイコン、長押しするとメニューが開くんです。これで目的のキーボードを一発で選択できます。なお、メニューに表示するキーボードは、「設定」アプリの「一般」の「キーボード」で追加／削除することができます。

左下の地球儀アイコンを長押しすると、キーボードの種類がメニューで表示されます。ここで、「設定」アプリの「キーボード設定...」を開くこともできます

105 実は失敗しやすい！「はは」と入力する方法

日本語入力で意外と面倒なのが、「母（はは）」の入力。「は」を連続して入力しようとして2回タップすると、「ひ」になってしまうんです。これは「は」に限らず、あ段の文字ならすべてそうです。「たたく」なんかもそうで

すね。ちょっと待ってからタップすればいいんですが、まどろっこしい！そんなときは、2文字目を入力するとき、指を離さずに一瞬「ひ」にズラしてから「は」に戻します。すると連続入力できますよ。

慣れると速いよ！

「は」を入力したあと2文字目の「は」を入力する際、指を離さず一瞬「ひ」のほうにフリックしてから「は」に戻します。これで「は」のすばやい連続入力が実現します

フリック入力しかしないなら、「設定」アプリの「一般」→「キーボード」で「フリックのみ」をオンにします。これで、タップだけで文字の連続入力ができるようになります

106 よく使うURLやアドレスは辞書登録が便利です

よく使うURLやメールアドレス、いちいち入力するのは面倒です。コピー＆ペーストすればいいのですが、操作に時間がかかります。そこでオススメしたいのが、「ユーザ辞書」に登録しておく方法。そうすれば、入力のスピードが劇的に早くなるはずです。

辞書にはURLやアドレスだけでなく、例えば住所や決まり文句といったよく使う文字列も登録しておきましょう。メールを書いたりするスピードが、格段に速くなりますよ。

① 辞書への登録は、「設定」アプリの「一般」→「キーボード」にある「ユーザ辞書」で行います。右上の「＋」をタップし、「単語」と「よみ」を入力しましょう

② 辞書に登録した「よみ」を入力すると、変換候補に文字列（この場合はURL）が表示され、タップすることで入力できます。自分がわかりやすい「よみ」で登録しましょう

指3本をうまく使って華麗にiPhoneを操作しよう

iPhoneを操作するときに使う指は、1本または2本という人が多いと思います。でも実は、3本の指を使っての操作も可能なんです。マスターすれば、操作速度がグッとアップすること間違いナシです。

例えば、文字の入力中に3本指で右から左にスワイプすると、直前の操作を「取り消す」ことができます。逆に左から右にスワイプすると、その「取り消す」を取り消すことができます。また3本指でのピンチイン／アウ

右から左にスワイプすると、直前の操作を取り消せます。例では「Pro Max」という文字列の削除を取り消し、復活させています。画面上部に「取り消す」と表示されてますね

今度は左から右へスワイプ。すると、直前の「取り消す」を取り消せます。図では復活させた「Pro Max」という文字列を再度削除してます。上部には「やり直す」と表示されています

トでは、それぞれコピー／ペーストの操作が行えます。

　初めのうちは戸惑うかもしれませんが、慣れてしまえばスムーズに操作できるようになるはず。よく使う操作なのでマスターしましょう。

直前の操作の取り消しはシェイクでも可能です。片手でiPhoneを振るだけなので簡単ですね。この機能は「設定」→「アクセシビリティ」→「タッチ」でオフにすることもできます。

文字列を選択した状態で3本指でピンチインするとコピーができます。画面上部に「コピー」と表示されていますね。逆にピンチアウトするとペーストができます

3本指でタップをするとメニューが表示され、「取り消し」「カット」「コピー」などを選ぶことができます。3本指でのスワイプより、こちらのほうが簡単かもしれません

108 "さっきのアプリ"にサッと戻る2つの小ワザ

ゲーム画面に表示されているバナーや、メール本文中にあるリンクをタップしてしまい、Safariが起動。別に望んでいないのに、Webサイトが開いてしまった……イライラする瞬間です。そんなときに"さっきのアプリ"にすばやく戻る方法が2つあります。

まず、画面の左上に表示されているアプリ名をタップするという方法。もうひとつは、画面下部のインジケーターを右側にスワイプするという方法です。すぐに元のアプリに戻れます。

① 画面の左上に、すごーく小さいのですが「メール」という文字が見えます。これが"さっきのアプリ"ですね。これをタップするとすぐに戻ることができます

② 画面下部にあるインジケーター（黒い線）を右にスワイプすることでも、"さっきのアプリ"に戻ることができます。動かすと左に「メール」が見えてきました

Web検索より正確で早い！スゴく使える内蔵の辞書

Webサイトなどを閲覧中、出てきた言葉の意味を調べたいとき、どうしますか？ 言葉をコピーしてWeb検索するという方法が一般的ですが、もっと正確に早く調べる手段がiPhoneには用意されているんです。それは

iPhoneに内蔵された辞書を使う方法です。言葉を選択すると表示されるメニューから「調べる」を選んでみましょう。すると、言葉の正確な意味が表示されます。なお、内蔵辞書は、オフラインでも利用可能です。

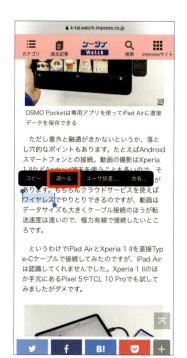

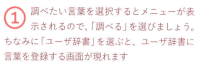

ネット検索よりずっと早いよ

① 調べたい言葉を選択するとメニューが表示されるので、「調べる」を選びましょう。ちなみに「ユーザ辞書」を選ぶと、ユーザ辞書に言葉を登録する画面が現れます

② 言葉の意味を記した辞書の画面が表示されます。例では「スーパー大辞林」と「ウィズダム英和辞典」が表示されています。言葉の正確な意味が手早く調べられます

110 過去に見た**webページに**一気に**戻るスマートな方法**

Safariでネットサーフィンしているとき、「さっき見ていたページに戻りたい」と思うことがよくあります。もちろん「＜」マークをタップすれば戻れます。でも、戻りたいページがかなり前のものだと、何度もタップするこ

とになり、時間がもったいないですよね。そんなときは「＜」マークを長押ししましょう。すると、左下に閲覧したページが一覧表示されます。あとは、目的のページを選択するだけ。一気に戻ることができます。

① 過去に見ていたWebページに戻りたいときは、左下の「＜」を長押しします。もしマークが見えない場合は、URL部分をタップするか、画面を下にスワイプしてみましょう

② すると画面の左側に、閲覧したページの一覧が表示されます。目的のページをタップしましょう。なお表示されるのは、同じタブで開いたものだけとなります

111 開いているSafariのタブをまとめて閉じるワザ！

Webページを複数読み込み、切り替えながら閲覧できるSafariのタブ機能。とても便利ですが、いつの間にかタブの数が増えてしまい、気付けばタブだらけに……。タブの一覧表示で各ページ左上の「×」をタップして閉じればいいのですが、ひとつひとつ操作するのは面倒！ そんなときに便利な、まとめてタブを閉じるワザを覚えておきましょう。なお、それも面倒という人は、一定期間でタブを閉じるずぼらテクもあります（P.189参照）。

① Safariを開いた状態で、右下のタブアイコンを長押しします。するとメニューが表示されるので、「○個のタブをすべてを閉じる」をタップします。これですべてのタブが閉じます

② もうひとつの方法です。まずタブアイコンをタップし、タブ一覧を表示させます。ここで右下の「完了」を長押しし、メニューから「○個のタブをすべてを閉じる」を選びます

112 書きかけの下書きメールは長押しで呼び出そう

「メール」アプリでメールを作成中に左上の「キャンセル」をタップすると、下書き保存ができます。この下書きはメールボックスの「下書き」にあるので、そこから選べば作成再開が可能です。しかし、もっとすばやく呼び出す方法があるんです。「メール」アプリの右下にある新規メッセージのアイコンを長押ししてみましょう。すると、保存されている下書きメールが一覧表示されます。これですぐに、メール作成を再開できますね。

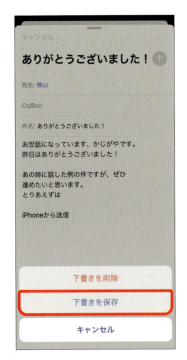

① メールの作成を中断したいときは、画面左上の「キャンセル」をタップします。するとメニューが表示され、作成中のメールを下書き保存できます

② 画面右下の新規メッセージのアイコンを長押ししましょう。すると、保存されている下書きメールが一覧表示されます。タップすれば、すぐに作成を再開できます

113 未開封のメールだけを一発で表示する方法

　複数のアカウントを使い分けているとよくあるのが、未開封メールの見落とし。大事なメールに気付かない事態は避けたいですよね。

　iPhoneの「メール」アプリには、そんなトラブルを防ぐため、未開封メールのみを一覧表示してくれるフィルタ機能が用意されています。ちなみにこのフィルタは未開封だけでなく、自分宛のメール、添付ファイル付きのメールといったフィルタリングも可能となっています。

① 「メール」アプリの「全受信」のメールボックスを開きます。標準では未開封も開封済みもまとめてメールが表示されています。左下のメニューアイコンをタップしましょう

今日届いたメールのみにもできます

② アイコンの色が反転しフィルタが適用され、未開封のメールのみが表示されました。なお、下の「適用中のフィルタ」をタップすると、フィルタを変更することもできます

114 写真を検索するときは 被写体をキーワードにする

カメラ機能が優れているiPhoneですから、どんどん写真を撮ってしまいます。そんな中から写真を探すのは大変ですが、「写真」アプリの検索機能は優秀なんです。とりあえず「自動車」や「ラーメン」など、見たい被写体を

そのまま言葉で入力すればOK。何が写っているのか自動的に判断して、該当する写真を探してくれるんです。ときどき似たものを選んだりしますが（笑）、とても優秀です。追加キーワードで絞り込むこともできます。

「夜」とか「夕方」とかでも検索できるよ

「ラーメン」で検索したら、見事にラーメンの写真を集めてきました。特にタグやキーワードを入れていないのに、この精度はスゴいです。被写体のほか、撮影した年月日でも検索できます

複数のキーワードで絞り込んでいくこともできます。検索中に、「空」→「新宿区」→「夏」といった具合にキーワードを提案してくれるので、タップしていけばどんどん絞り込みができます

アプリの移動や削除はメニューからでは遅すぎる！

アプリの削除や移動の際、アイコン長押し→「ホーム画面を編集」で行いますが、実はもっと早い方法があるんです。特に複数のアプリを削除する場合、最速の方法はホーム画面の何もない部分を長押し。アイコンが震え始めたら「−」をタップで削除ウィンドウを出して、次々と処理できます。そして最速の移動方法は、アプリの長押しまではOKですが、指に振動を感じた瞬間にすぐドラッグ！これで、ワンアクションで移動が始まります！

複数のアプリ削除の最速の方法は、ホーム画面のすき間を長押し。アイコンが震え始めたら、左上の「−」をタップ。削除ウィンドウが開くので、削除するかホーム画面から取り除くか選びます

最速でアプリを移動するには、移動したいアプリのアイコンを長押しして、指先に振動を感じた瞬間に移動を開始すればOKです。遅れるとメニューが出てしまい、台無しです

iPhoneで
新型コロナウイルス対策

　厚生労働省から新型コロナウイルス接触確認アプリ「COCOA」が配信され、本稿執筆時点では2,148万ダウンロードされています。このアプリ、厚生労働省が提供しているので純日本製と思うかもしれませんが、実はアップルとGoogleがタッグを組んだ「最強の新型コロナウイルス対策アプリ」なんです。この技術は世界各国に提供されていますが、配布は1つの機関と決まっており、日本では厚生労働省となりました。

　アプリの機能は、過去14日以内に陽性者と半径1メートルで15分以上の接触をした場合に通知があるというもので、スマートフォンであれば、iPhoneでもAndroidでも機能します。暗号

化して記録するので、誰と接近したのかお互いにわからない仕組みで、プライバシーは守られます。米国の大学の研究によれば人口の6割がアプリを導入して対策すれば、ロックダウンは避けられるというデータもあります。まだ使っていないという人は、導入をオススメします。

  COCOA

Chapter 7

ラクラク操作で達人を目指せ！
iPhoneで"ずぼら"テクニック

がんばって操作するだけが
達人ではありません。
iPhoneの助けを借りれば
こんなにラクチンなんです。

116 寝起きの顔を登録して 寝転がったままFace ID

iPhoneに顔を向けるだけでロック解除や買い物もできてしまう顔認識機能「Face ID」。顔を立体的にスキャンして記録するため、ヒゲや眼鏡があっても認識する上、加齢など日々の変化も学習する賢さです。

そんな便利なFace IDですが、寝起きの認証率が低いと感じている人におススメしたいのが、「もう一つの容姿」の設定です。寝起きの顔を寝転がったまま登録すれば、毎朝寝転がったままiPhoneを開けますよ！

① 「設定」アプリで「Face IDとパスコード」を開き、「もう一つの容姿をセットアップ」をタップすると、追加のFace ID登録画面に切り替わります

② 画面の指示に従って登録します。ちなみにこのときに、顔の形が変わるほどすごい表情をして登録すると、次回から同じ表情でも認識できるようになります（笑）

117 自動ロックや不意のアラームはひとにらみでコントロール

　iPhoneで小説やニュース記事などを開いてボケーッとしていると、画面が暗くなるのは、自動ロックが作動するためです。でもiPhone X以降の機種には、目線を認識する機能が搭載されたので、しっかり画面を見てい

る間は自動ロックがかかりません。逆に、寝落ちしてしまった場合は、画面がちゃんと消えます。

　アラームや着信音もこの機能に対応していて、不意のアラームや着信でも画面を見るだけで音量が下がります。

目をそらすと画面が消えちゃう!

① 目線チェックの機能は、「設定」アプリの「Face IDとパスコード」→「画面注視認識機能」で設定します。初期状態では、オンになっています

② 自動ロックまでの時間を設定していても、注視している間は画面が消えません。ただし、目線をチェックしているので、よそ見や寝落ちをすると画面が消えます

118 画面に指が届かなければ画面に降りてきてもらおう

iPhoneを片手で操作したいけど、上の方まで親指が届かない！ そんなときに使いたいのが、画面を下げる「簡易アクセス」です。

簡易アクセスは、画面の下端をさらに下方向にスワイプ、ホームボタンがある機種ならホームボタンの2度押しで画面が下がります。これで上のほうのアプリに指が楽に届くというわけです。文字入力の画面ではキーボードが見えなくなってしまうので、元の高さに戻しましょう。

① 「設定」アプリの「アクセシビリティ」→「タッチ」で「簡易アクセス」をオンにします。逆に、ミスタッチなどで簡易アクセスを動作させたくない人は、オフにしておきましょう

② 画面下部のバーの辺りを下方向に引っ張ります。ホーム画面が下がった状態で、バッテリー残量の辺りを下方向にスワイプすると、コントロールセンターが表示できます

119 仕事にも使える!? iPhoneをマウスで操作しよう

「iPhoneでマウス?」そんな声が聞こえてきそうですが(笑)、出先で長い文章を書いたり、iPhoneの画面をテレビに出力して使ったりする場合、マウス操作がラクチンです。

iPhoneでマウスを使うには、まず「設定アプリ」の「アクセシビリティ」→「タッチ」で「AssistiveTouch」をオンにします。続いて、同じ画面にある「デバイス」→「Bluetoothデバイス」でBluetoothマウスをペアリングすれば完了です。

ドラッグすればスワイプできるよ!

① 「設定」アプリの「アクセシビリティ」で設定を行います。マウスをペアリングして「AssistiveTouch」をオンにするとポインターが現れます。オフにすれば接続が切れます

② iPhone 12 Pro Maxで表計算ソフト! 右クリックでメニューも出て本格的ですが、どちらかというと、キーボードのほうが便利ですね(笑)。でも、ちゃんと使えます!

120 ゲームコントローラーで iPhoneがゲーム機に!

　iPhoneに接続可能なデバイスは、マウスやキーボードだけではありません。ゲームコントローラーだって接続できるんです。特にアクションゲームやレースゲームなどは、コントローラーが使えると操作が楽になり、これまで以上に楽しめると思います。アップルが認定したMFi認証のコントローラーのほか、PS4のコントローラーなども使えます。iPhoneの画面でバーチャルスティックやボタンに苦戦してる人は、チェックしてみては?

Bluetooth接続のコントローラーの場合、まず、「設定」アプリの「Bluetooth」でペアリングを行います。その後、ゲームアプリ上での操作設定などが必要です

しっかりゲーム機になりますよ

Apple Storeで販売されているBluetooth接続の「SteelSeries Nimbus+ワイヤレスゲーミングコントローラー」。iPhone対応済みのコントローラーを購入しましょう。

121 周囲にほかの人がいる場面では アラームを無音に設定しよう

　以前、先輩芸人から「新幹線で乗り過ごさないようにアラームを設定するんだけど、サイレントモードにしてもアラームが鳴っちゃう」と相談を受けたことがあります。実は、サイレントモードにしていても、「時計」アプリのアラームや「ミュージック」アプリなどは、音が出ます。無音にしてバイブレーションだけを発動させるには、サイレントモードにするのではなく、「サウンド」の設定を「なし」にするのが正解です。これで駅までグッスリです。

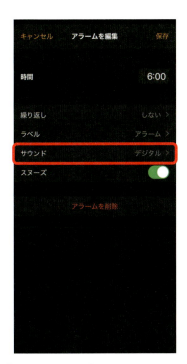

① 「時計」アプリで「アラーム」の画面を開き、左上の「編集」をタップ。編集したいアラームまたは新規アラームを選択し、「アラームを編集」画面で「サウンド」をタップします

② 「サウンド」画面が表示されたら、一番下にある「なし」を選択します。なお、バイブレーションのオン／オフは、「設定」アプリの「サウンドと触覚」で切り替えます

122 ストレージの空き容量を確保！アプリを自動で"抜け殻"に

いろんなアプリを試すべくインストールしまくると、アプリはどんどん増えていきます。そのままにしていると、iPhoneの容量を圧迫しかねません。

実は、一定期間使っていないアプリを自動的に削除してくれる機能がある

んです。しかもアプリが扱うデータや設定は保存されたまま、表向きにはアイコンだけが残ります。まさにアプリの抜け殻ですね。タップひとつで即復活するので、容量不足が気になる人は設定しておきましょう。

ボクのiPhone 抜け殻だらけだ…

「設定」アプリの「App Store」で「非使用のAppを取り除く」をオンにします。取り除かれたアプリのアイコンには、復活のためのダウンロードマークが表示されます

手動で取り除く場合は、「設定」アプリ→「一般」→「iPhoneストレージ」でアプリを選択し、「Appを取り除く」をタップします。「Appを削除」だとデータを含めて削除されます

放置されたSafariのタブは勝手に消えてもらいましょう

気になることや調べ物など、Safari をちょこちょこ使っていると、いつの間にかタブが山のように増えてますよね。一気に消す方法もありますが（P.175参照）、それすらも面倒な人は、一定期間が経過したタブを自動的に消す設定にしてしまいましょう。

初期状態では「手動」となっていますが、期間は「1日後」「1週間後」「1か月後」の3つから選べるので、あとで困らない程度の期間を選びましょう。

‹ Safari	タブを閉じる	
手動		
1日後		
1週間後		
1か月後		✓

「設定」アプリの「Safari」にある「タブを閉じる」をタップして、移動した画面でタブを自動消去するまでの期間を「1日後」「1週間後」「1か月後」の中から選びます

動画再生中の寝落ち問題はタイマーで解決!

iPhoneで動画や音楽を視聴していると、どういうわけか眠くなってしまいます。そのまま寝落ちして、朝起きたらバッテリーが空になっていたりしたら最悪ですよね。

そんな最悪の事態を回避するための設定があるんです。「時計」アプリでタイマー終了時の通知音代わりに「再生停止」を選べばOK。音楽を聴いたり映画を観たりしながら寝たい人も、これで安心して楽しめますね。

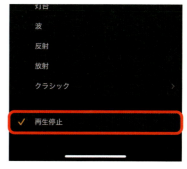

「時計」アプリを起動して、「タイマー」→「タイマー終了時」の画面を開きます。一番下にある「再生停止」をタップしたら、時間を設定してタイマーを開始します

125 うっかり課金しないための サブスクリプションの解約方法

アプリの中には、フル機能を利用するために一定期間で課金が必要なサブスクリプションタイプのものがあります。アプリによっては無料期間が設けられていて、手軽にフル機能を試すことができるのですが、多くは解約しない限り自動更新されるため、うっかりしているといつの間にか支払いが発生してしまいます。そんなずぼらユーザーは、時々サブスクリプションをチェックして、不要なものは解約しておきましょう。

「設定」アプリの上部の名前をタップして「サブスクリプション」項目があれば契約中のものがあります。タップすると、「有効」欄に契約中のサービスが並ぶので、タップします

利用中のサービスのプランなどが表示されます。「サブスクリプション（無料トライアル）をキャンセルする」をタップして、確認画面で解約できます。ここでプラン変更も可能です

126 複数の画像や動画は 指でなぞってまとめて選択

iPhoneで撮影した写真をまとめて選択したいけど「すべてを選択」する必要はない。でも、ひとつひとつ写真を選択するのは面倒……。そんなジレンマを解消する、指でなぞるだけのずぼらテクニックが超便利です。

「写真」アプリで目的の写真をサムネール表示にした状態で、「選択」をタップします。あとは、選択したいサムネールを指でなぞれば、驚くほど簡単に複数の写真をまとめて選択できるので、お試しあれ!

斜めになぞれば一気に選べるよ!

① 「写真」アプリを起動して、サムネール表示にしたら、右上部の「選択」をタップします。これで写真や動画を選択できる状態になります

② 指で横方向になぞると、一列まとめて選択されます。そのまま縦になぞると、なぞった範囲全体が選択されます。左上から右下など、斜めになぞっても同じように選択できます

127 不要なメールを開かずに スワイプだけで整理する

メールの整理整頓、できてますか？受信ボックスのメールの管理は、スワイプでスイスイやりましょう。わざわざ開かなくてもいいメールは、右方向にスワイプしたまま引っ張り切れば、「開封」をタップすることなく開封済みにできます。また、不要なメールは逆方向に引っ張り切って即ゴミ箱へ！これでメールをサクサク整理できますよ。なお、メニューの項目は「設定」アプリの「メール」→「スワイプオプション」でカスタマイズ可能です。

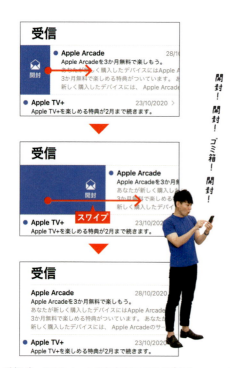

受信ボックスのメールを右方向にスワイプすると、「開封」メニューが表示されます。そのまま右端まで引っ張り切れば開封状態になります。再度右に引っ張ると未開封に戻ります

左に引っ張ると、転送や移動ができる「その他」「フラグ」「ゴミ箱」のメニューが開きます。そのまま左に引き切ると、タップすることなくゴミ箱に移動できます

128 メールを読みつつ 新規メールを作成したい

受信したメールへの返信は、元のメールの内容を引き継げますが、グループメールなどを参照しつつ個別に返信したいときなど、iPhoneの画面では操作が難しいですよね。

でも、実は新規メールを作成した後でも、作成画面のタイトル部分を下方向にスワイプすると、一時的にしまえるんです。あとは参照したいメールを選択して、内容を確認しましょう。タブをタップすれば戻ります。

新規メッセージ作成画面のタイトル部分を下にスワイプすれば、あとはメールボックスを自由に閲覧できます。メッセージは書きかけでも複数残してもOKで、アプリを終了しても保持されています

129 「機内モード」を使って 充電時間を短縮せよ！

出掛けにiPhoneを見たらバッテリーがレッドゾーン！ 何とかして少しでも多く充電したいときは、「機内モード」をオンにしてから充電を試してみましょう。機内モード時は、バックグラウンドで動作するデータ通信など余計な電力が抑えられるため、充電時間の短縮が期待できます。

ただし、機内モードにした場合、当然ながら電話やメールの受信はできないので要注意です。

機内モードは、「設定」アプリのほか、コントロールセンターでもオン／オフの切り替えが可能です。機内モード適用時は、画面上部に飛行機のアイコンが表示されます

130 見つからないアプリはすぐ検索しちゃいましょう

今すぐ使いたいアプリがあるのにどこにあるかわからない……。そんなときは迷わず「Spotlight検索」に任せましょう。ホーム画面のどこからでも下向きにスワイプすれば検索可能で、アプリ名の一部を入力すれば瞬時に発見できます。しかもそのまま起動できるので、ホーム画面を探す必要はありません。また、アプリを自動でカテゴリー分けしてくれる「Appライブラリ」も便利です。ホーム画面に表示していないアプリもここで見つかります。

「Spotlight検索」画面を呼び出します。検索されたアプリのアイコンをタップして起動します。また、アプリがどのフォルダに入っているか確認することもできます

「App ライブラリ」は、ホーム画面を最後までスワイプしていくと表示されます。App ライブラリの画面上部にある検索フィールドを使ってアプリの検索もできます

131 iPhoneに 本を音読してもらおう

iPhoneには、「普段は使わないけど、使ってみたら意外に便利」な機能がまだまだ隠れています。「スピーチ」もそのひとつ。Webサイトのテキストやメールの本文などなどiPhoneの画面に表示されるテキストを音声で読み上げるのがスピーチの役目です。

このスピーチにお願いして、本を読んでもらうと、結構快適。移動中などにイヤホンで聞いていると、結構内容が入ってきます。ちょっとたどたどしいのが難点ですけどね（笑）。

読み上げ速度も調整できます

「設定」アプリの「アクセシビリティ」→「読み上げコンテンツ」を開き、「画面の読み上げ」をオンにします。選択した文字列を読ませるには「選択項目の読み上げ」をオンにします

画面上部から2本指で下方向にスワイプすると、「読み上げコントローラ」が現れ、読み上げが始まります。Webサイトでは余計なものも読むので、指アイコンをタップして読みたい部分をなぞれば、そこだけ読んでくれます

おわりに

　おかげさまで『スゴいiPhone』シリーズも、本書で4作目となりました。あらためて、読者の皆様に心よりお礼申し上げます。

　5G対応など、iPhoneも大きな転換点を迎えましたが、私、かじがや卓哉にとっても、この1年は非常に大きな転換点となりました。公式YouTubeチャンネル『かじがや電器店』の登録者数が30万人を超え、その影響がさまざまな形で出てきた1年でした。

　ボクの活動スタイルは何年も前から同じなのですが、チャンネル登録者数が10万人を超えた辺りからメディア出演の仕事が増えました。自分のやっていることを多くの人に知ってもらうためには、客観的な実績を示すことが大切だとあらためて感じました。

　また、再生数が増えると、コメントなどの視聴者のリアクションも見えやすくなります。例えば、「ちょっと難しいかな？」という内容でも、コメントを見ると、きちんと理解できている人がかなりいることがわかります。それを踏まえて、次の動画の内容はより高度で便利なものにしたりと、好循環が生まれています。本書でも『かじがや電器店』からのフィードバックを生かして内容を構成したりと、メディアをまたいでの相乗効果もありました。今後も『スゴいiPhone』シリーズ、『かじがや電器店』ともにがんばっていこうと思います。

　『スゴい』シリーズでは5作目となる本書を執筆する場を提供してくれたインプレスさん、制作指揮に奔走してくれた編集の矢野さん、いつもボクの個性を生かしたデザインをしてくれる楯さん、今回も山のように撮影してくれた篠原さん、そして、帯書きをご快諾いただいた、いつもお世話になっている今田耕司さん、この場を借りて厚く御礼申し上げます。

2021年1月　かじがや卓哉

索引

Staff

デザイン
楯 まさみ

制作協力
吉本興業株式会社

撮影
篠原孝志

編集
矢野裕彦（TEXTEDIT）

デスク
田中健士

編集長
石坂康夫

商品に関する問い合わせ先

インプレスブックスのお問い合わせフォームより入力してください。
https://book.impress.co.jp/info/
上記フォームがご利用頂けない場合のメールでの問い合わせ先
info@impress.co.jp

※本書の内容に関するご質問は、お問い合わせフォーム、メールまたは封書にて書名・ISBN・お名前・電話番号と該当するページや具体的な質問内容、お使いの動作環境などを明記のうえ、お問い合わせください。
※電話やFAX等でのご質問には対応しておりません。なお、本書の範囲を超える質問に関しましてはお答えできませんのでご了承ください。
※インプレスブックス（https://book.impress.co.jp/）では、本書を含めインプレスの出版物に関するサポート情報などを提供しておりますのでそちらもご覧ください。
※本書奥付（本ページ）に記載されている初版発行日から3年が経過した場合、もしくは該当書籍で紹介している製品やサービスが変更、あるいはサポートが終了した場合は、ご質問にお答えしかねます。

落丁・乱丁本などの問い合わせ先

TEL 03-6837-5016 ／ FAX 03-6837-5023
service@impress.co.jp
受付時間　10:00 ～ 12:00、13:00 ～ 17:30（土日・祝祭日を除く）
※古書店で購入されたものについてはお取り替えできません。

書店／販売店のご注文窓口

株式会社インプレス 受注センター
TEL 048-449-8040 ／ FAX 048-449-8041

株式会社インプレス出版営業部
TEL 03-6837-4635

---

iPhone芸人かじがや卓哉の
スゴいiPhone12 超絶便利なテクニック131
12/mini/Pro/Pro Max/SE第2世代/11/11 Pro/XS/XR/X対応

2021年2月11日　初版第1刷発行

著　者　かじがや卓哉

発行人　小川 亨

編集人　高橋隆志

発行所　株式会社インプレス
　　　　〒101-0051
　　　　東京都千代田区神田神保町一丁目105番地
　　　　ホームページ https://book.impress.co.jp/

印刷所　日経印刷株式会社
ISBN 978-4-295-01086-9 C3055
Printed in Japan

本書のご感想をぜひお寄せください
https://book.impress.co.jp/books/1120101103

読者登録サービス
CLUB impress

アンケート回答者の中から、抽選で商品券（1万円分）や図書カード（1,000円分）などを毎月プレゼント。
当選は賞品の発送をもって代えさせていただきます。